上一堂輕鬆的
科技小史

從基因工程到人工智慧，
數理學渣也能快速上手的科技課

侯東政　著

目錄

目錄

解密人體科學

神祕的物理現象

目錄

現代科技發展探索

目錄

前　言

　　人類社會的發展史基本上可以概括為一部科技發展史。從茹毛飲血的洪荒時代進入到高速發展的資訊數位時代，科技充分顯示了它強大無比的穿透力和覆蓋面。

　　我們必須承認科技的力量，作為一把奇異的劍，它可以大大促進生產力的發展，化腐朽為神奇。當然任何事物的發展都並非一蹴而就、一帆風順，在探索科技的同時，科學家們也承受了許許多多困惑、迷茫與無奈。今天的科學技術之所以能突飛猛進，讓我們的生活當中處處充滿科技，造福人類社會，正在於人們的不斷堅持，不斷努力。

　　本書以全新的視角，詳細都從生命醫學、人體科學、諸多神祕的物理現象以及現代高速發展的科技等幾個方面入手，講述了生命、人體、能源、材料、天文、智慧等多方面的科學發現。與此同時，我們還在每一小節內容的後面添加了小知識，既有科學性又有趣味性，既有知識性又有理念性，妙趣橫生的對前文進行了補充和梳理，同時也幫助讀者獲得了更多的知識滋養。

前　言

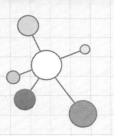

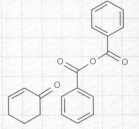

生命醫學探奇

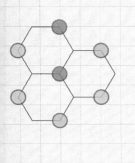

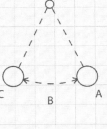

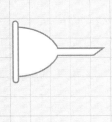

尋找生命的起源

在人類現今居住和繁衍生息的星球上，到處都存在著生命的跡象。不論是赤道還是極地，沙漠還是草原，天空還是海洋，高山還是平原，到處都有著各種各樣、形態各異的生物。據有關資料顯示，地球上有一百多萬種動物、三十多萬種植物和十多萬種微生物。正是由於它們，偌大的地球才變得多彩多姿，生機勃勃。

人們不禁要問：這些生命是怎麼來的呢？是像神話中說的那樣由上帝或女媧製造出來的，還是本來就有的？

科學家稱，四十六億年前地球剛剛誕生，那時候既沒有河流、海洋，也沒有植物，連最原始的生命都沒有，更別說飛禽走獸、龜魚蝦蟹了。地球上那時只有光禿禿的岩石和荒野，火山經常爆發，熔岩到處橫溢，原始大氣、火山爆發。

既然這樣，那生命是怎樣產生的呢？這個問題一直以來都困擾著人們。隨著科學技術的快速發展，到了近代，開始陸續出現關於生命起源的解釋。把這些學說歸結起來，大概有自然發生說、胚種論和現代說三種。

自然發生說

古典名著《西遊記》開篇第一回中就講到，花果山山頂上一塊內有仙胞的仙石，一日迸裂後出一似圓球樣大石卵。見風化作一個五官俱備、四肢健全的猴兒。這個神話故事就反映了

對生命起源的一種東方古代式的自然發生說觀點。

自然發生說認為在非生命的物質中自然發生出生命。該學說在近代自然科學產生以前一直統治著人們的思想。《西遊記》即源於道家的「萬物自生，具有一氣」的觀點。事實上，不僅在古代，在其他民族也曾盛行過這種自然發生說。比如：古代印度人確信汗液與糞便可以生出蟲類；古代埃及人認為經過陽光的晒曝尼羅河的淤泥可以產生青蛙、蟾蜍、蛇鼠等；而在古希臘哲學家德謨克利特的眼裡，生物是由水與土生成的。而在中世紀，一些學者甚至說獅子是由荒野的石頭變成的，青蛙是由五月的露水變成的。歐洲人等一度流行吃鵝、鴨肉就是吃素的觀點，就是因為英國的博物學家認為，鳥類可以由海水中的鹽與樹脂結合生成；比利時的醫生提出垃圾能生出老鼠；法國一些生物學家還稱，汙泥中可以自生出水螅；當時的德國哲學家黑格爾，也曾說鞭毛蟲在海洋中可以自生出來……

隨著科技的發展，現代人開始認識到這些觀點的幼稚。古代人之所以提出這種觀點，是由於當時生產力水準低下，人們缺乏必要的科學知識。近代自然科學產生後，科學實驗成為一種獨立的實驗活動，從生產實踐中分離出來，人們才逐漸擺脫了生命自然發生說的錯誤觀點。

西元一八六二年，法國微生物學家巴斯德透過一個精確的實驗證明了自然發生說的荒謬。而這種存在幾千年之久的古老學說，也從此徹底退出了歷史舞台。

胚種論

胚種論認為,地球上最早的生命或構成生命的有機物,都來自於其他宇宙星球或星際塵埃:附著在星際塵埃顆粒上的某些微生物孢子落入地球,從而使地球有了初始的生命。

德國化學家李比西是胚種論的代表人物,他認為:「我們只可以假定:生命正像物質那樣古老,那樣永恆,而關於生命起源的一切爭論,在我看來已由這個簡單的假定給解決了。既然生命是古老的,地球最初又不可能有生命,那麼地球上的生命是從哪裡來的呢?一個邏輯上的必然答案就是:地球上的生命是從別的天體上遷移而來的。」

支持這種觀點的還有德國生化學家赫爾姆霍茲,他說:「如果我們用無生命的物質來製造有身體的一切努力都失敗了,那麼依我看來,一個完全正確的方法就是問一問:生命究竟發生過沒有,它是否和物質一樣古老,它的胚種是否從一個天體移植到另一個天體,並且在良好土壤的一切地方都發展起來了?」

當然,也有對胚種論持懷疑態度的,他們認為,在廣闊的宇宙空間,胚種從天體之間移植需要花費很長的時間,而星際空間沒有氧氣,溫度很低,胚種在經歷過這樣的考驗後怎麼能不死亡呢?

持胚種論觀點的人並沒有因此而放棄自己的觀點。他們對於生命起源的問題,直到二十世紀初依然爭論不休。

演化說

生命起源的現代說起自達爾文的演化論。從二十世紀開始，透過前蘇聯的生化學家奧巴林、美國的化學家福科斯、英國的生物學家霍爾丹、以及化學家尤里和他的研究生米勒等人的研究，使人們對生命的起源形成了比較一致的看法：地球形成的早期傾瀉物質長期演化，從非生命演化成為生命，大約在三十六至三十八億年之間完成，化學演化發展到原始生命大約需要以下幾個階段：從無機小分子發展成有機小分子；由有機小分子演化為有機大分子；由有機大分子形成多分子系統；由多分子系統演化為原始生命。而由原始生命演化為細胞形態的生命後，便開始了細胞形態的生物演化。

據現今實驗資料顯示，前兩個階段的傾瀉演化已經有許多實驗證據支援，第三個階段的化學演化也能提供部分研究資料證據；只有第四個階段，目前科學還沒有找到足夠有力的證據。

雖然科學的研究結果為人們提供了一個生命起源的基本圖式，但在某些關鍵問題上還有待於更為深入的研究。因此，生命究竟是如何產生的，至今還是個謎。

新知博覽 —— 試管嬰兒

「試管嬰兒」，最初是由英國產科醫生派屈克・斯特普托和生理學家羅伯特・愛德華茲合作研究成功的，它伴隨體外受精技術發展而來。「試管嬰兒」的誕生，曾一度在世界科學界引起

轟動，甚至被看作人類生殖技術上的一大創舉，也為治癒不孕不育症患者開闢了新的途徑。

「試管嬰兒」的成功創造，首先需要精子和卵子在試管中結合成受精卵，然後再把它（在體外受精的新的小生命）送回女性的子宮裡（胚卵移植術），以使其在子宮腔裡發育成熟。與正常受孕婦女懷孕到足月一樣，到那時再正常分娩出嬰兒。對於輸卵管堵塞的女性患者，可以透過手術從卵巢內直接取出成熟的卵細胞，然後與其丈夫的精子在試管裡混合，從而在體外結合成為受精卵；而對於精子活動能力弱或精子少的男性，則可用一根極微細的玻璃吸管，從他的精液中遴選出健壯精子，然後將其直接注入卵細胞中，形成受精卵。

在試管中形成早期胚胎後，受精卵便可移入女性子宮中了。在女性有子宮方面疾病的情況下，還可將早期胚胎移入自願做代孕母親的其他女性子宮內，這樣生出的孩子就有了兩個母親 —— 一位是遺傳給他基因的母親，一位是給他肉體的母親。

這一技術的誕生，給那些可以產生正常卵子、精子但由於其他原因無法生育的夫妻帶來了希望。美國的洛克和門金在一九四四年首次進行了這方面的嘗試，並在一九七八年七月二十五日二十三點四十七分在英國的奧爾德姆市醫院誕生了世界上第一個試管嬰兒 —— 布朗·路易絲，此後該項研究發展極為迅速，一九八一年時已擴展到十多個國家。現在，世界各地

的試管嬰兒總數已達數千名。

不過，由代孕女性生出的試管嬰兒應該與哪位母親一起生活呢？假如兩位母親都想擁有這個嬰兒怎麼辦？在難題面前科學技術是束手無策的。從中也可以看出，生物科技有造福人類的一面，也同時會給人類造成一些道德和倫理方面的難題，這是不應被忽視的。

解密人類基因組計畫

人類基因組計畫（Human Genome Project, HGP）是於一九八五年由美國科學家率先提出的，於一九九〇年正式啟動。當時，美國、英國、法國、德國、日本等各國的科學家一起合作了這項價值達三十億美元的人類基因組計畫。根據該計畫的設想，要在二〇〇五年將人體內約十萬個基因的密碼全部解開，同時繪製出人類基因圖譜。也就是揭開組成人體十萬個基因的三十億個鹼基對的神祕面紗。人類基因組計畫與阿波羅計畫和曼哈頓原子彈計畫並稱為三大科學計畫。

人類基因組計畫的意義

二〇〇〇年六月二十六日，被稱為「繼達爾文的『生物演化論』以後意義最為重大的生物學發現」的人類基因草圖繪製完畢，初步完成了人類基因組計畫。人們不禁要問，這項耗資幾十億、歷時十年、被科學家們如此推崇的人類基因組計畫，究

竟對人類生存有何意義呢？

　　首先讓我們了解一下什麼是基因。基因就是具有獨特雙股螺旋結構的長鏈，它是由四種去氧核醣核苷酸分子連接而成的最基本單位，能夠控制生物遺傳特性，生物的所有遺傳資訊和遺傳特性都隱藏在裡面。

　　現代遺傳學認為，基因是遺傳的基礎，它決定著生命體的各種特性，比如亞洲人的眼睛是黑色的，而歐洲人的則為藍色。此外，基因基本上還決定著人的身高、相貌等。不僅如此，人類所患的疾病中許多可以歸為基因病。因此可以說，基因與人類的疾病有著密不可分的聯繫。

　　基因病中有的是遺傳病，是因為遺傳物質發生了變化而產生的疾病。然而人們曾經認為，遺傳病是與生俱來的。也就是說是從父母那裡繼承下來的。現代分子生物學的發展使人類對遺傳病有了更科學的認識。目前認為，遺傳病有父母遺傳的這種可能性，也有非父母遺傳的可能性。比如尿黑酸症等病，它們既是基因病也是遺傳病，可以從父母那裡遺傳而來；然而令人談之色變的癌症就是基因病，它不會遺傳自父母，而是由於在生活過程中感染病毒或其他原因導致基因改變而產生的。

　　人類基因組計畫完成後，人類對自身基因的了解不斷深入，根據每個人獨特的基因圖譜，科學家們可以判斷這個人的健康情況，並預測他以後患某種潛在疾病的可能性。有了這些判斷和預測，人們可以有效的預防這些疾病；比如利用基因技

術，透過在人體內導入某種功能基因，改變、修補相對的基因缺陷，從而達到治療疾病的目的；又比如根據基因圖譜所揭示的遺傳資訊，解決一些一直困擾人類的糖尿病、肥胖症等遺傳性疾病。也許在不久的將來，人類活到一百五十一歲將不再是奢望。

此外，科學家還能夠在人類基因組計畫的幫助下，根據心臟病、癌症等疾病的病因，針對性的研發和開發物美價廉的基因工程藥物。

人類基因組計畫的弊端

雖然人類基因組計畫的初步完成可以給人類帶來很多方便，但是，隨著對基因認識的深入，人們也發現了基因組計畫所帶來的一些不可避免的「副作用」。

人類基因組圖譜和測序工作將會提供有關人類疾病的大量新遺傳學知識，但是，如果對基因與疾病的相關資訊解釋不謹慎，將會對攜帶這些基因但並不致病的人產生負面影響。對疾病的易感性、傾向性或生病的危險，遺傳性是可變的，如果對於強調預防疾病的措施強調過度，就會使一些人因此而在社會和心理方面受到不必要的壓力。另外，如果沒有有效的治療方法，那麼病人怎麼知道自己病情是好是壞呢？

美國有線新聞網和美國時代週刊，曾作過一項有關人類基因組計畫研究的民意測驗，發現對人類基因組計畫許多應答者的心理十分矛盾。他們最擔心的問題就是如果公開隱藏在人類

基因組中的祕密，很可能會對個人帶來一系列的不利後果。比如：你的醫療保險公司或雇主在了解到你會得什麼病乃至你的預期壽命後，可能就會對你採取不公的待遇；出於人道主義，一些社會團體、醫務人員或是政府機構，或許會對那些具有先天性基因缺陷的人或家庭實行預防性保護措施，這會使被監護者感到自卑，蒙受社會和心理壓力，形成社會偏見，甚至使他們在無形的精神壓力下痛苦的度過一生。

而且，片面的強調基因的作用，甚至還會助長種族主義極端理論。假設我們透過基因對未出生的嬰兒進行篩選，就會出現無法想像的事情。比如《時間簡史》的作者、被譽為擁有愛因斯坦之後最傑出大腦的二十世紀的天才之 —— 英國劍橋大學理論物理學家史蒂芬・霍金，於二〇一八年離開這個世界，因為他患有側索硬化症（漸凍人）這種嚴重的遺傳性疾病；而荷蘭著名畫家梵谷也很可能被剝奪生的權利，因為他攜帶著容易導致精神病的基因，而那麼一幅幅非凡的畫作就不可能被這個世界所擁有了。

更何況，利用基因組計畫的成果，某些別有用心的個人、組織或國家，還可能來製作「基因武器」，針對不同族群的基因特異性實現贏得戰爭、甚至滅絕整個種族的目的。這並非聳人聽聞，而且英國早在一九九七年就成立了由生物技術、醫學等多學科專家組成的攻關小組，研究針對這一問題的對策。

總之，和其他一切科學技術的進步一樣，人類基因組計畫

能為人類造福，但也能為人類帶來諸多災難。因此，面對這種高精技術，人類應該慎重的利用，只有這樣才能使人類社會更加美好。

相關連結 —— 基因突變

基因突變是指基因組 DNA 分子突然發生的可遺傳變異。

基因突變從分子尺度上看，是指基因在結構上發生鹼基對組成或排列順序的改變。基因十分穩定，在細胞分裂時可以精確的複製自己，但是這種穩定性也是相對的。基因在一定條件下，也可以由原來的存在形式突然轉化為另外一種。也就是突然在一個位點上出現一個新基因代替原有基因。而新產生的這個基因，就叫變異基因。於是也就會在後代的表現中，突然的出現祖先從未有的新特性。

比如：在英國女王維多利亞以前她家族沒有發現過血友病病人，然而她的一個兒子卻患了血友病，成為她家族中第一個患血友病的成員。後來她的外孫中又出現了幾個血友病病人。在她的父親或母親中很顯然產生了一個血友病基因的突變，然後把這個突變基因傳給了她。雖然她是雜合子，表現出來後仍是正常的，但卻透過她傳給了她的兒子。

除了會形成致病基因引起遺傳病外，基因突變的後果還可以造成自然流產、死胎和出生後夭折等，這種方式稱為致死性突變。當然，這也可能僅僅造成正常人體間的遺傳學差異而

已，對人體沒有太大影響，說不定還會給個體的生存帶來一定
的好處。

破解光合作用的玄機

　　研究得出，光合作用不是起源於植物和海藻，而是最先發
生在細菌中。正是因為細菌的有氧光合作用演化造成地球大
氣層中氧氣含量的增加，從而導致複雜生命的繁衍達十億年之
久。雖然光合作用的基因可能同源，但演化並非是一條從簡至
繁的直線，而是不同的演化路線的合併，靠的是基因的水平轉
移，即從一個物體轉移到另一個物種上。透過基因在不同物種
間的「旅行」從而使光合作用從細菌傳到了海藻，再到植物。

關乎人類生存的生物科學問題

　　光合作用對於大多數人來說，好像沒有什麼太大的祕密，
似乎它的過程無非就是吸收二氧化碳，放出氧氣，但實際上光
合作用並不那麼簡單，其中包含著複雜的機理。

　　光合作用對人類的意義非比尋常。人類所需要的許多生產
生活資料都是由光合作用產生的，如果沒有光合作用就不會有
人類的生存與發展。所以，光合作用研究是一個重大的生物科
學問題，同時又與人類現在面臨的糧食、環境、材料、資訊問
題等密切相關。

　　現在世界上每年透過光合作用產生兩千兩百億噸物質，相

當於世界上所有的能耗的十倍。要植物產生更多的物質，就需要提高光合作用效率。透過新高科技轉化，我們甚至可以讓有些藻類，在光合作用的調節與控制下直接產生氫。根據光合作用原理，還可以研發高效的太陽能轉換器。

　　光合作用與農業的關係同樣密切，農作物產量的百分之九十到百分之九十五來自光合作用。高產水稻與小麥的光合作用效率只有百分之一到百分之一點五，而甘蔗或者玉米的效率則可達到百分之五十或者更高。如果人類可以人為的調控光能利用效率，農作物產量就會大幅度增加。

探究多領域的應用

　　近十年來，空氣裡面二氧化碳不斷增加，產生溫室效應。光合作用能否優化空氣成分，延緩地球變暖，也很值得探索。光合作用研究，還可以為模擬模擬生物電子器件，研發生物晶片等，提供理論基礎或有效途徑，對開關未來紀新興產業產生廣泛而深遠的影響。正是這些，使得光合作用研究在國際上成為一大熱點。

　　早在兩個多世紀以前，科學家就已經知道了光合作用，但真正開始研究光合作用還是在量子力學建立之後，人們也越來越為它複雜的機制深深嘆服。

　　現在，科學家們已經知道，光合作用的吸能、傳能和轉化均是在具有一定分子排列及空間構象、鑲嵌在光合膜中的捕光及反應中心色素蛋白複合體和有關的電子載體中進行的。但是

讓科學家們不可思議的是，從光能吸收到原初電荷分離涉及的時間尺度僅僅為 1015 至 1017 秒。這麼短的時間內卻包含著一系列涉及光子、激子、電子、離子等傳遞和轉化的複雜物理和化學過程。

更讓人驚奇的是，這種傳遞與轉化不僅神速，而且高效。在光合膜系統中，在最適宜的條件下，傳能的效率可高達百分之九十四至百分之九十八，在反應中心，只要光子能傳到其中，能量轉化的量子效率幾乎為百分之百。這種高效機制是當今科學技術遠遠不能企及的。

相關連結 —— 關於光合作用的謎團

光合系統這個高效傳能和轉能超快過程到底是如何進行的？其全部的分子機理及其調控原理究竟是怎樣的？為什麼這麼高效？這迄今仍是多年來一直困擾著眾多科學家的謎團。

有科學家說：要揭開這一謎團，在基本上依賴於合適的、高度純化和穩定的捕光及反應中心複合物的獲得，以及現在各種複雜的超快手段和物理及化學技術的應用與理論分析。事實上，現在所有的物理、化學最先進設備與技術都能用到光合作用的研究中。

光合作用的另外一個謎團是：生化反應起源是自然界最重大的事件之一，光合作用的過程是一系列非常複雜的獨立代謝反應，它究竟是如何演化而來？

美國亞利桑那州立大學的生化學家稱，這個反應演化來自細菌，大約在二十五億年前，但光合作用發展史非常不好追蹤。有多種光合微生物使用相同但又不太一樣的反應。雖然有一些線索能把它們聯繫在一起，但還是不清楚它們之間的關係。專家們還試圖透過分析五種細菌的基因組來解決部分的問題。研究結果顯示，光合作用的演化並非是一條從簡至繁的直線，而是不同的演化路線的合併，把獨立演化的化學反應混合在一起。也許，他們的工作會給人類這樣一些提示：人類也可能透過修補改造微生物產生新生化反應，甚至設計出物質的光合作用。這樣的工作對天文生物學家了解生命在外星的可能演化途徑，也大有裨益。

那麼是否會有那麼一天，人們可以模擬光合作用從工廠裡直接獲取食物，而不再一味依靠植物提供呢？科學家們認為，在近期內這種設想還是不可能實現的，因為人類對光合作用的奧祕並不真正了解，還有很多問題需要進一步弄清楚，要實現人類的這一長遠理想，可能還要付出更為艱辛的努力。

生命為何偏愛螺旋結構

多姿多彩、妙不可言的生命現象，歷來都是人們最關注的課題之一。一批批生物學家在探索生物之謎的過程中，為之奮鬥以至獻身，以卓越的貢獻揚起生物學「長風破浪」的航帆。今天，當我們打開群星閃耀的生物學史冊時，對 J‧華生（Jin

Watson）、F·克里克（Francis Crick）的傑出貢獻，不能不予以格外關注。就是這兩位科學巨匠，在五十多年前提出了「DNA 雙股螺旋結構模型」的驚世觀點，翻開了分子生物學的新篇章。如果說在揭示生物演化發展規律、推動生物學發展方面，十九世紀達爾文演化論具有里程碑意義的話，那麼，DNA雙股螺旋結構模型的提出，則是開啟生命科學新階段的又一座里程碑。以它為起點，人類開始進入改造、設計生命的征程。

雙股螺旋結構的發現

儘管浩繁紛雜的生物千差萬別，但從最小的病毒到大型的哺乳動物，不論哪個種類，都能把自己的特性毫無例外的一代代傳承下去；但無論是親代與子代，還是子代各個個體之間，又總會存在差別，即便是雙胞胎。人們經常用「一母生九子，九子各別」和「種瓜得瓜，種豆得豆」兩句諺語，生動的概括存在於一切生物中的這一自然現象，並為揭開遺傳、變異的奧祕進行了不懈的探索。

有人早在十七世紀末，就提出過「預成論」的觀點，認為在性細胞（精子或卵細胞）中，預先包含著一個微小的新的個體雛形，所以生物能把自己的特性特徵傳給後代。不同的是，精原論者認為這種「微生體」存在於精子當中；而卵原論者則認為存在於卵子之中。

然而無論在精子還是卵子中，人們根本見不到這種「雛形」，所以這種觀點很快就被事實所推翻。取而代之的理論是德

國胚胎學家沃爾夫提出的「漸成論」：在個體發育過程中，生物體的任何組織和器官逐漸形成。但這無法解釋遺傳變異的操縱者究竟是何物？

第一次提出了「遺傳因數」（後被稱作為基因）的概念是在西元一八六五年，奧地利遺傳學家孟德爾闡述了他所發現的分離法則和自由組合法則，並認為這種「遺傳因數」是決定遺傳特性的物質基礎，存在於細胞當中。

一九〇九年，丹麥植物學家詹森用「基因」一詞代替了孟德爾的「遺傳因數」。基因從此便被看作是功能的基本單位、生物遺傳變異的結構和生物特性的決定者。

一九二六年，美國遺傳學家摩爾根發表了赫赫有名的《基因論》。透過大量實驗，他和其他學者證明：基因是組成染色體的遺傳公司，它在染色體上占有一定的位置和空間，呈直線排列。這樣，就使孟德爾提出的有關遺傳因數的抽象假說落實到具體的遺傳物質 —— 基因上，為後來研究基因結構和功能進一步奠定了理論基礎。

即使這樣，人們當時並不知道究竟基因是一種什麼物質。直至一九四〇年代，當科學家認識了核酸，特別是去氧核醣核酸（簡稱 DNA），是一切生物的遺傳物質時，基因一詞才總算有了確切的內容。

一九五一年，科學家在實驗室裡研發出 DNA 結晶；

一九五二年，得到 DNAX 光繞射圖譜，發現進入細菌細胞

後，病毒 DNA 可以複製出病毒顆粒……

　　有兩件事情，在此期間是直接促進了 DNA 雙股螺旋結構的發現：一是美國加州大學森格爾教授發現了蛋白質分子的螺旋結構；二是在生物大分子結構研究中獲得有效應用了 X 光繞射技術，為之提供了決定性的實驗依據。

　　美國科學家華生與英國科學家克里克的合作，正是在這種科學背景和研究條件下，透過分析研究了大量 X 光繞射材料，提出 DNA 的雙股螺旋結構模型，由此建立了遺傳密碼和範本學說。

　　此後圍繞 DNA 的結構和作用繼續開展研究，科學家們也取得了一系列的重大進展，並且於一九六一年成功破解了遺傳密碼，無可辯駁的證實了 DNA 雙股螺旋結構的正確性，從而使沃林、克里克和威爾金斯於一九六二年一起獲得諾貝爾醫學生理學獎。

生物大分子螺旋

　　雖然人類設計馬路與建築時都喜歡筆直的線條，但大自然並不贊同這種選擇，而是更偏愛螺旋狀的捲曲結構。決定生命形態的 DNA 結構、影響我們後天美醜特性的蛋白質結構，以及我們日常所需的食物的主要成分澱粉等，全部都是螺旋結構。

　　生物的大分子 DNA、纖維素結構、蛋白質澱粉中，都存在螺旋結構。就連我們所熟知的包含著人體的遺傳資訊的遺傳物質 DNA，也是雙股螺旋結構。父系與母系在受精卵中的各一條

鏈相結合，就產生了結合了二者資訊的新生命。不過，雙股螺旋結構只是 DNA 最重要的一種結構，也可能形成其他結構。當雙股螺旋體的一部分解開時，就可以形成三螺旋或其他結構，而其中一條 DNA 鏈折疊了回去。

蛋白質中的螺旋與 DNA 的雙股螺旋結構相比，是由胺基酸經脫水組成的單鏈螺旋，它末端運動有較大的自由度，可以組成三圈螺旋，三圈螺旋還可以變成折疊的樣子。在這種意義上，折疊可以說是螺旋的一種特殊形式。

人體中的蛋白質就是由折疊結構與螺旋複合而成的複雜結構。比如：膠原蛋白作為人體中重要的蛋白質，就是由三條肽鏈扭成「草繩狀」三股螺旋結構，其中每條肽鏈自身也是螺旋結構。眾所周知，蛋白質占人體的百分之十六左右，而體內蛋白質的百分之三十至百分之四十是膠原蛋白，主要存在於骨骼、皮膚肌肉、內臟、牙齒與眼睛等處。

不僅僅是遺傳物質和蛋白質，我們的主要食物澱粉和所穿棉衣物中的主要成分棉纖維，也大多都是螺旋結構。

螺旋生物體

不僅生物大分子，整個生物體的組成部分或生物體的形狀，有時也可能是螺旋體的構型。大家常聽說的螺旋藻就是這樣的一種生物，其名字的由來就是因為在顯微鏡下觀察時形體呈螺旋狀。

地球上最早出現的光合生物就是螺旋藻。研究表明，螺旋

藻是有已被發現的所生物中營養成分最豐富、均衡、全面的海洋生物。它的由多醣類物質構成的細胞壁，極容易被人體所消化吸收，吸收率可達百分之九十五以上。此外，螺旋藻中還富含各種活性物質如胡蘿蔔素、亞麻油酸等，能疏通血管、清除血脂和保持血管彈性，對防治心、腦血管疾病有很好的幫助作用。

幽門螺旋桿菌，它寄居在人體胃內，也是因呈桿狀、螺旋形而得名的。對許多細菌胃酸都具有很強的殺傷力，但是卻奈何不了幽門螺旋桿菌。因為埋藏在胃壁表面黏膜下方的幽門螺旋桿菌，可以分泌一種能中和周圍環境中強酸的物質；而且，幽門螺旋桿菌很愛對我們的免疫系統進行「挑釁」，經常刺激免疫系統發動初步的無情反擊，從而導致發炎，使感染幽門螺旋桿菌的人常會出現沒有症狀的胃炎（即胃黏膜發炎）。在進入中年之後，人們會很容易得這些病，這都是拜幽門螺旋桿菌所賜。

上述這些生物體本身都呈螺旋狀，不過有些生物還要透過螺旋形狀來實現它們的獨特功能。水黽之所以能在水面上行動自如，就是利用了其腿部特殊的微奈米螺旋結構效應，不管是狂風驟雨，還是在急速流動的水流中都不會沉沒。其原理是在這些取向的微米剛毛和螺旋狀奈米溝槽的縫隙內，可以有效的吸附空氣，從而在其表面形成一層穩定的氣膜，有效防止了水滴的浸潤，從而表現出超強的疏水（即不浸水）特性。科學家對水黽腿部進行力學測量後發現：一條腿在水面的最大支撐力，

可以達到其身體總重量的十五倍。

生命為何「偏愛」螺旋結構

透過上面的講述我們可以得知，大自然中幾乎到處都存在著螺旋。而許多在生物細胞中發現的微型結構都採用了這種螺旋構造，它是自然界最普遍的一種形狀。

那麼，為什麼大自然會如此偏愛這種結構呢？科學家對此給出了合理的解釋。

美國賓州大學的蘭德爾‧卡緬教授指出，從本質上來說，非常長的分子聚成螺旋結構在擁擠的細胞（如一個細胞裡的DNA）中，是一個比較合理的方式。在細胞稠密而擁擠的環境中，長分子鏈經常採用的是規則的螺旋狀構造。之所以這樣構造，好處主要有兩點：一是能使資訊緊密結合在裡面；二是可以形成一個表面，使其他微粒與它在一定的間隔處相結合。比如：DNA 的雙股螺旋結構允許進行 DNA 轉錄和修復。

透過一個模型卡緬教授成功解釋了這個問題：將一根可隨意變形、卻不會斷裂的管子浸入由堅硬球體組成的混合物中，管子就好比一個存在於十分擁擠的細胞空間中的一個分子。觀察表明，U 形結構的形成對於短小易變形的管子來說，所需的能量最小，空間也最少；而在幾何學上，它的 U 形結構與螺旋結構最為相近。

卡緬由此指出，自然界能最佳的使用手中材料，分子中的螺旋結構就是一個例子。由於受到細胞內的空間局限，DNA 採

用了雙股螺旋結構，就像是因為公寓空間的局限而採用的螺旋梯設計一樣。這就從數學上解釋了生物大分子採取螺旋結構的原理。然而為什麼生物體也以螺旋結構的形狀存在呢？原因還有待於進一步的研究。

延伸閱讀 —— 認識基因工程

作為生物工程的一個重要分支，基因工程與細胞工程、酶工程、蛋白質工程和微生物工程共同組成了生物工程。而基因工程就是指對基因在分子尺度上進行操作的複雜技術，是透過體外重組後將外源基因導入受體細胞內，使這個基因在受體細胞內複製、轉錄、翻譯表達的操作。基因工程是先用人為的方法提取出需要的某一供體生物遺傳物質 —— DNA 大分子，用適當的工具酶在離體條件下進行切割後，將它再與作為載體的 DNA 分子連接起來，然後一起與載體導入某一更易生長繁殖的受體細胞中，讓外源物質在其中「安家落戶」，進行正常的複製和表達，從而獲得新物種的一種嶄新技術。

根據這個定義我們可以看出，基因工程有這麼幾個重要特徵：

第一，在不同寄主生物中，外源核酸分子的繁殖能跨越天然的物種屏障，將任何一種生物的基因導入到新的生物體中，所以這種生物可以與原來生物毫無親緣關係。這種優勢是基因工程的第一個重要特徵。

第二，因為是一種確定的 DNA 小片段在新的寄主細胞中進行擴增，這就使少量 DNA 樣品可以「複製」出大量 DNA，並且是許多絕對純淨的、沒有汙染任何其他 DNA 序列的 DNA 分子群。學界將這種改變人類生殖細胞 DNA 的技術稱作「基因系治療」，針對改變動植物生殖細胞的研究就是我們通常所說的「基因工程」。但無論如何稱呼，個體生殖細胞的 DNA 改變都將可能使其後代發生同樣的變化。

目前為止，基因工程尚未用於人體，但在幾乎所有非人生命物體（從細菌到家畜）上做的實驗中都取得了很大的成功。實際上，用於治療糖尿病的所有胰島素都源於一種細菌，該細菌 DNA 中被植入了可以產生人類胰島素的基因，它便可自行複製胰島素。

許多植物在基因工程技術的幫助下便具有了抗病蟲害和抗除草劑的能力。在美國，大約有百分之二十五的玉米和百分之五十的大豆都是基因改造的。在農業中是否該採用基因改造動植物目前也已成為人們爭論的焦點。贊同者認為，基因改造農產品相對容易生長，也含更富有營養（甚至藥物），可以幫助減緩世界範圍內的饑荒和疾病；而在反對者看來，在農產品中引入新基因會產生副作用，甚至會破壞環境。

不過仍然有許多基因的功能及協同工作方式現在是不為人類所知的，但基因工程可使寵物不再引起過敏、使番茄產生抗癌作用、使鮭魚長得比平常的大幾倍等等，很多人還是願意對

人類基因做出這樣的修改的。畢竟，基因修復、基因工程和胚胎遺傳病篩查等技術除了可以用來治療疾病，還為改變其他人類特性諸如智力、眼睛顏色等提供了可能。

人類為何會得癌症

多年來，癌症這個詞頻繁的出現在人們的視線中，甚至稱得上談癌色變。它就像一個魔鬼，奪走了成千上萬人的生命，因此現在已經成為威脅人類健康的最可怕的「殺手」之一。有資料表明，全世界每年有幾百萬因癌症死亡。近十年來，患癌率在兒童群體中也顯著增加，這一現象令醫學家們大為震驚。癌症是那麼可怕，不禁讓我們困惑：到底是什麼導致人類得這種致命的絕症呢？

尋找致癌物質

透過對癌症長期的研究和探索，科學家現今已經了解和掌握了一定的規律，並在臨床治療上取得了一些進展。而且科學家們指出，患了癌症，也不再意味著就是走向死亡。然而到現在科學家們也還沒有把癌症的真正產生原因找到，每年仍有大量的人因患癌症而死亡。因此，要想揭開它的祕密，並徹底攻克這個難關，還要有很長的路要走。

為了了解和研究癌症，科學家們首先致力於尋找致癌物質。他們先以動物為實驗對象，對患了腫瘤的動物進行研究。

結果發現，導致癌症的主要誘因是一些化學物質和各種物理、環境等方面的因素。比如：因核輻射許多日本人在廣島的原子彈大爆炸後罹患血癌；在鈾礦長期工作的礦工，不僅患肺癌的機率也大大高於普通人，死亡率也非常高。

不過，科學家們透過進一步研究，發現日常生活中也不乏患癌症的人，那麼一些致癌物質肯定也存在於日常生活用品中。到底哪些物質含有致癌物呢？研究證明，導致癌症的誘因還有潤滑油、煤油、香菸中的尼古丁、糧食中的黃麴毒素和發霉的爆米花等等。

一些科學家提出癌症還與遺傳因素有關，致癌物透過基因突變也可能傳給後代。一部分醫學工作者的研究表明，有種癌症屬於「遺傳性癌」，它是由遺傳直接決定的。透過進一步研究後醫學家們又發現，即使那些屬於非遺傳型的癌症，也呈現出非常明顯的遺傳傾向。比如：胃癌患者的後代，得胃癌症的機率就比一般人高出四倍；母親患乳腺癌，女兒患乳腺癌的機率比一般人也要高。這表明，遺傳因素對癌症所起的作用是不容忽視的。

相關研究還證明了某些人對癌症具有易感性，這主要是因為這些人群體內某些酶的活性較低，染色體數目異常或畸變導致的。

總之，遺傳上的缺陷非常有可能誘發癌症，但遺傳因素究竟如何促發癌症的謎團，至今也沒有解開。

一些醫學專家近年來還提出，絕大多數癌症都與環境因素有關。比如：胃癌的發病率在土壤中鎂含量低的地區，就相對較高一些；飲用水受砷汙染的程度對皮膚癌的發病率影響很大；甲狀腺癌的發病率與飲用水中的碘含量呈負相關等等。可見，環境因素與癌症的發生是密切相關的。

致癌的內在因素

我們透過上面的分析可以看出，這麼多誘發人類患癌的因素之間竟然沒有什麼共同點，到底是為什麼呢？

又經過一系列的臨床研究實驗，科學家發現：同樣致癌因素，不一定都能誘發癌症。也就是說，可能所有的致癌因素不過都是外在因素，有可能還存在著內在因素。因此，科學家們又開始探索致癌的內在原因。研究發現，組織是由正常組織細胞變化而來，具體來講，就是人身體內都存在著克服致癌因素的抑癌因素。有了這種抑癌因素，細胞才得以健康發展。如果抑癌因素的作用消失或減少，不僅正常細胞會發生基因突變，人體代謝功能也會變得紊亂，細胞因此會無限的分裂、增生。一般來說，正常細胞演變成癌細胞，進而引發癌症的歷程相當漫長，大約需要十年多的時間。

科學家們同時又發現，人體基因內也存在致癌基因，這也是使正常細胞癌變的關鍵。實際上，人體內不僅存在基因，還有抗基因。抗癌基因的發現也讓人類對癌症的研究有了迅速的發展，成為人類最終戰勝癌症的前提。科學家們在把培養的

抗癌基因注入動物體內後，取得了初步成功。如果能再深入一步研究的話，有可能在不遠的將來這種方法可以應用於人類的癌症治療上。將這種抗癌基因注入人體可以有效的防止癌細胞繁殖。

在不斷研究細胞癌變的過程中一些醫學家還發現，癌細胞的蛋白質含量很高，而氧含量卻很低，而且癌細胞的表層細胞越深入，其分裂能力越差，直至壞死。因此，誘發癌症的因素之一可能也有細胞缺氧。當局部組織被損壞並進入窒息狀態後，其生存方式就會改變，癌細胞也就由此生成了。

雖然關於癌症成因和發展眾說紛紜，莫衷一是，但這都只是些具體細節方面的分歧，大體看來，都有一定的合理性。但從根本上說，人們還沒有徹底把癌症的病因弄清楚，目前仍然處於推測和假說階段。醫學家們面對癌症這個瘋狂的病魔時，大多仍然是束手無策，無能為力。但「魔高一尺，道高一丈」，科學的進步、經驗的累積、研究的深入終有一天能使人類徹底弄清楚癌症的病因，降服這個惡魔。

相關連結 —— 癌症是如何轉移的

不少人患症後常常會發生轉移，這不僅給治療帶來了更大的困難，也給患者帶來了很大危害。那麼，癌是如何轉移的呢？我們能阻止癌症發生轉移嗎？

其實，癌症的轉移和擴散一般是有一定規律可循的，轉移

的方式和途徑主要有四種。

第一種是以原發病灶為中心，沿著較疏鬆的細織間隙或阻力較小的組織向周圍組織蔓延。它的邊緣不規則，有的像樹枝，有的像螃蟹腿，有的像高高低低的岩塊。這種現象，臨床上稱為局部擴散。

第二種是淋巴道擴散。不僅能向附近淋巴管或更遠的地方轉移，有時候還可以繞過轉移灶內已經被阻塞的淋巴管，而其他癌細胞可反方向轉移並轉移到對側的淋巴區域定居。比如乳腺癌，就最容易轉移到所屬淋巴結區；而肺癌則常常轉移到全身各處。

第三種是癌細胞先進入血液，然後再轉移到其他部位。大部分部位的癌轉移灶首先在肺內部形成，消化道的癌轉移灶會先在肝內形成；盆腔部位的癌轉移灶多在顱骨、脊椎、盆骨等處形成。因此在癌的診斷中，我們常常會看到醫生會採用胸部透視和肝超音波檢查，限定某處骨骼拍片等方法，以確定這些部位有否癌的轉移。

第四種轉移方式中癌細胞就像種子一樣，在胃腸等器官表面播撒，形成癌性結節、腫塊等，這種現象被稱為「種植性擴散」。

其實，要預防癌細胞轉移，最優方法就是早發現、早診斷、早治療，使癌細胞在沒有轉移之前就被扼殺；再就是一定要徹底、乾淨的治療原發病灶，以避免殘留的癌細胞「東山

再起」。

點擊伊波拉病毒

伊波拉病毒是一種能使人類等靈長類動物產生伊波拉出血熱的烈性傳染病病毒，死亡率很高，通常在百分之五十至百分之九十之間。

作為一種十分罕見的病毒，伊波拉病毒最早是於一九六七年在德國的馬爾堡發現的，但當時並沒有引起太多關注。再次發現它的存在是在一九七六年的蘇丹南部和伊波拉河地區，這一次才引起醫學界的廣泛重視，「伊波拉」也由此而得名。這次爆發中有六百零二個感染案例，其中三百九十七人死亡。

「伊波拉」病毒活躍異常。主要透過如汗液、唾液或血液等體液傳染，有兩天左右的潛伏期。感染後症狀有：突然出現高燒、頭痛、喉嚨痛、虛弱和肌肉疼痛等，接著會發生嘔吐、腹痛、腹瀉等。病毒在發病後的兩週內會發生外溢，導致人體內外出血、血液凝固，很快壞死的血液會傳遍全身各個器官，病人最終出現鼻腔、口腔和肛門的出血等症狀，可能在二十四小時內死亡。

從人類第一次「見識」極其恐怖的伊波拉病毒，到現在已經過去幾十年了。儘管科學家們在這幾十年中絞盡腦汁，但病毒的真實「身分身分」仍然是個未解之謎：既不知它來自哪裡，也不知它何時會再度降臨人間。

對「伊波拉」的探究

好萊塢大片《極度恐慌》描寫的就是致命的非洲伊波拉病毒的故事。伊波拉病毒曾被傳媒爭相報導，殺人威力巨大。該片就是利用逼真背景虛構的故事：美國病毒專家奉命進行非洲神祕致命病菌的調查，而且成功避免了病毒在加州蔓延。雖然這是虛構的故事，但卻足以顯示出人們面對伊波拉時的恐懼。而且，許多有關病毒的疑問至今還沒有結論，例如病毒的傳播媒介是什麼等等。

有人推測，該病毒的傳播可能是以動物為媒介。這些動物能幫助病毒繁殖和傳播，自己卻不會被感染。然而這種說法存在諸多疑點：為什麼伊波拉出現的時段往往比較固定？導致伊波拉的自然根源是什麼？它又將在何時何地再次出現？它在自然界中是怎樣生存的？自然週期又是怎樣的？在什麼地方潛伏？哪些動物會成為它的媒介？⋯⋯

為了解答這些問題，很多專家在中非尋找答案。這些病毒學和生態學領域的專家主要任務就是查出病源和病毒傳播的媒介。他們捉來各種各樣的哺乳動物、鳥類和昆蟲，然後為它們進行驗血，甚至還送到專門的病毒實驗室進行化驗。雖然伊波拉的病毒來自非洲熱帶叢林，但在那些涉嫌為病毒媒介的熱帶叢林動物身上，迄今為止還沒有發現任何病毒。於是，又有了另外一種說法：該病毒的生命活動源可能在更遠的地方，比如在熱帶叢林的深處。

伊波拉病毒在人體發作機制

人類雖然研究了數十年，對伊波拉病毒的了解依然不多。一般看來，透過侵入並殺死抵抗感染的白血球，這種病毒可以破壞人身體的抵抗力。它通常會躲避在巨噬細胞——免疫系統的「巡邏衛士」裡，以防止免疫系統的攻擊。雖然巨噬細胞可以清除細菌感染，但卻可能被病毒攻擊。巨噬細胞此時不會當即死亡，不過它會發出紅色警報，瘋狂的在血液中流動時釋放細胞激素。

細胞激素的釋放在正常情況下，會透過向免疫系統的其他部分發出警告聯合打擊病毒。但是，這種正常的程序遭到伊波拉病毒攻擊時，就會被打亂。細胞激素激增從而衝破血管壁，血液滲透到周圍的組織裡，而且將不斷重複這一循環，直到被感染者流盡鮮血。到目前為止，沒有人能解釋出現這種情況的原因。唯一能知道的是：一旦這個過程開始，大量流血便幾乎是無法避免的。簡單說來，就是器官損壞的逐步擴散。有點像是被千刀萬剮而亡，人渾身上下都會遍布無數細小的傷痕。

病毒面目初露倪端

病毒的面目在科學家艱苦卓絕的研究中，終於慢慢出現了。

經過對一些分別從相距好幾百公里的幾個地方捕來的小型哺乳動物進行研究，人們得出了這樣的結果：病毒有可能在好幾個地方同時出現。

其次，科學家們在各種齧齒哺乳動物的 DNA 中，都發現了

該病毒。這又說明，不同地方的動物都有接觸過伊波拉病毒。

有些科學家認為伊波拉病毒來自太空，但這馬上就遭到一些科學家的強烈反對。還有一種觀點認為可能是鳥類在傳播伊波拉病毒。

英國科學家們說，伊波拉病毒曾殺死了無數中非地區人，同樣，這種病毒也襲擊過鳥類。透過對伊波拉病毒的生化結構進行研究，研究人員發現這種致命病毒的外部蛋白類似於某種鳥類的逆轉錄病毒，這表明伊波拉病毒可能是由鳥類傳播的。不過，人們從一九七六年首次發現伊波拉病毒以來，只知道這種病毒感染過人和猴子，卻不知鳥類原來也被感染過。那伊波拉病毒有沒有可能也像霍亂那樣，在不久以後會波及五大洲呢？這個問題依然未知。

我們必須承認，在這一病毒早期橫行時，人類是束手無策的。雖然世界各地的不同實驗室從未停止過實驗性化驗和篩選實驗，但遺憾的是，該病毒的祕密目前仍未解開。因為每個新的發現甚至假說，都會附帶著大量新的問題。當然這並不影響他們滿懷信心的悉心研究。估計解開這個「隱性殺手」的神祕面紗指日可待，人們在盼望這一天能早些到來。

相關連結 —— A 型 H1N1 流感病毒

A 型 H1N1 流感，是一種豬的急性、傳染性呼吸器官方面的疾病。其特徵有諸如突發、咳嗽、呼吸困難、發熱及迅速轉

歸等。豬流感是因病毒而引起的豬體內一種呼吸系統疾病，由 A 型流感病毒引發，通常在豬之間爆發，有很高的傳染性，但一般不會導致死亡。全年可傳播，秋冬季節屬高發期。豬流感多被認作 A 型流感病毒的亞種之一，或是 C 型流感病毒。該病毒可在豬群中暴發流感，人類通常情況下很少會感染豬流感病毒。

　　A 型流感有很多個不同的品種，如 H1N1、H1N2、H3N1、H3N2 和 H2N3 亞型的 A 型流感病毒等，它們都可以引發感染 A 型 H1N1 流感。A 型 H1N1 流感與禽流感不同，能夠以人傳人。墨西哥在二〇〇九年四月，公布發生人傳人的 A 型 H1N1 流感案例，有關案例是一宗由 H1N1 病毒感染給人的病例，在基因分析的過程他們發現基因內有雞、豬及來自亞歐美各人種的基因。感染 A 型 H1N1 流感的人，通常會高燒三十九度以上、劇烈頭疼、肌肉疼痛、咳嗽、鼻塞、紅眼、發冷、疲勞等，有些還會出現嘔吐或腹瀉、疲倦等症狀。部分病情迅速進展、來勢凶猛的患者甚至繼發嚴重肺炎、急性呼吸窘迫症候群、休克及 Reye 症候群、敗血症、全血細胞減少、腎功能衰竭、胸腔積液、肺出血、呼吸衰竭及多器官損傷，導致死亡。如果患者本來有基礎疾病，也會因此而加重。

DNA 指紋鑒定的祕密

　　英國萊斯特大學的遺傳學家 Jefferys 及其合作者在

一九八四年首次將分離的人源小衛星 DNA（去氧核醣核酸）用作基因探針，與人體核 DNA 的酶切片段雜交，從而得到了由多個位點上的等位基因組成的雜交帶圖紋，它們的長度是不等的。由於極少有兩個人這種圖紋是完全相同的，因此也被稱為「DNA 指紋」，意思是它是每個人所特有的，就像人的指紋一樣。不過，指紋是可以抹去的，DNA 指紋卻無法被抹去或改變，只需要一滴血或一根頭髮，科學家們就可以對其 DNA 指紋進行鑑定。

DNA 指紋圖譜

將生物的遺傳物質 DNA 透過分子化學的方式形成圖譜，就是該生物的 DNA 指紋。不僅一根毛髮、幾個皮膚細胞等小樣品，即使是唾液、鼻黏膜等，也可以用來進行 DNA 指紋分析和鑑定。人類染色體中，DNA 分子用來儲儲存遺傳資訊，共由 A、G、C、T 這四種鹼基排列而成，而且有上億種的組合方式。隨機檢查兩個人的 DNA 指紋圖譜，我們會發現除了雙胞胎以外，其完全相同的概率僅為三千億分之一。這與全世界五十億人口相比，準確率接近百分之百。

作為身分鑑定的首要工具，DNA 指紋圖譜目前已經逐漸取代了傳統的指紋、齒痕等鑑定方法。DNA 指紋技術是核酸指紋技術的一種；它與 RNA 指紋技術（研究不同基因的表達）一起，統稱為核酸指紋技術。

DNA 指紋技術主要用來研究 DNA 序列的多態性，它的指

紋技術有兩方面：一方面透過分離總基因來確定在群體中是否或多大程度上存在 DNA 序列多態性；另一方面是在已分離的總基因組中再分離特殊部分，包括線粒體（或質粒）的分離、基因分離（或基因片段）的分離和染色體分離。

DNA 指紋技術的應用

DNA 指紋技術在生物物證檢驗上開闢了新領域，法醫在 DNA 分析領域內的非同位素標記探針、DNA 擴增、人類串聯重複寡核苷酸探針等方面取得的成果，確保了法醫 DNA 分析水準。自 DNA 指紋技術投入實際應用以來，一大批重大疑難案件的偵破獲得了科學支持。該技術為微量血液、血斑及毛幹、指甲等特殊生物物證檢材的法醫 DNA 檢驗等難題提供了解決辦法，最少檢測量相當於 0.02 微升血液、0.1 公分毛幹，0.1 毫米指甲；其實驗方法 —— 短串聯重複序列（STRS）複合擴增及擴增片段長度多態性研究，可用於極微量檢材及腐敗檢材。

而生物識別隨著模式識別、影像處理和資訊傳感等技術的不斷發展，顯示出越來越廣闊的應用前景，DNA 識別技術是最有說服力的身分鑒定證據。

伊拉克總統海珊及其子女的生死問題在第二次波斯灣戰爭中，就是一大懸念。美軍自從「遜尼派三角地帶」被懷疑為海珊的藏身之地後，就在這個地區先後展開了「常春藤旋風一號」、「常春藤旋風二號」等一系列搜捕行動。在「紅色黎明行動」中終於逮住了海珊後，美軍將海珊轉移到一處安全的地點，就是

透過採取 DNA 指紋鑒定方式確定海珊身分的。

將被捕者本人的 DNA 樣本與海珊的兒子烏代和庫賽的 Y 染色體上的「短串聯重複序列」相比較是這種身分鑒定的基本原理，因為直接從父親遺傳到兒子身上的是 Y 染色體，這是一種固定遺傳資訊。首先，美軍從被捕人口腔中取得細胞塗片，接著又透過聚合酶鏈反應（PCR）的技術將 DNA 樣本放大。最後，DNA 專家利用放大的 DNA 資料，分析被捕者的基因圖譜，經過測試證明，被捕者就是海珊本人。

身分鑒定所提取的聚合酶鏈反應是一種可以無限擴增某段 DNA 的簡單方法。DNA 是按互補配對原則由四種鹼基組成的螺旋雙鏈。DNA 複製時，在細胞內，解螺旋酶首先解開雙鏈，使之變成單鏈作為範本，然後另一種酶 —— RNA 聚合酶再合成一小段引物結合到 DNA 範本上，最後以這段引物為起點，DNA 合成酶合成與 DNA 範本配對的新鏈。

PCR 即是在體外模擬 DNA 複製的過程，透過加熱讓所研究的 DNA 片段變性變成兩條單鏈，人工合成兩個引物從而使它們結合到 DNA 範本的兩端，DNA 聚合酶即可大量複製該範本。透過 PCR 擴增，0.1 微升的唾液痕跡所含的 DNA 就可獲得足夠量的 DNA 進行測試。透過 PCR 技術，從琥珀中八千萬年前的昆蟲、恐龍的骨頭、埃及的木乃伊、林肯的頭髮和血液等不尋常的樣品中，科學家們已提取到了足夠的 DNA。

DNA 指紋鑒定技術的廣闊空間

DNA 指紋鑒別技術有著巨大的發展潛力，甚至科學家將來透過 DNA 指紋描繪出一個人頭髮、眼睛的顏色，以及其相貌特徵等。而且，該技術將在輸血、器官移植、抗藥基因的認定和幹細胞移植等領域發揮出重大的作用。一些已開發國家透過頒布 DNA 身分證，還可以記錄身分證持有者所有的遺傳資訊。而 DNA 指紋鑒別也就真正進入尋常百姓家了。

我們相信，DNA 指紋鑒別技術的黃金時代很快就會到來。在總體上看，這個黃金時代將會給人類帶來更多的好處 —— 徹底破解生命奧祕，弄清人類起源，揭示各種疾病的病因，使醫學研究實現從對症下藥到根本預防的轉移。隨著對 DNA 了解的深入，人類如何理智的控制、改造和安全的運用該項技術，已經引起人們的廣泛關注。

相關連結 —— DNA 親子鑒定

目前使用最多的鑒定親子關係的方法就是 DNA 分型鑒定。我們每個人有二十三對（四十六條）染色體，同一對染色體在同一位置上的一對基因稱為等位基因，一般分別來自父親和母親。因此檢測某個 DNA 位點的等位基因時，如果一個與母親相同，另一個就應與父親相同，否則就可能有問題了。

DNA 親子鑒定中，只要取十幾至幾十個DNA位點做檢測，假如全部一樣，那麼就能確定親子關係；只要有三個以上的位

點不同，則可排除親子關係；而一至二個位點的不同則可考慮基因突變的可能，這時候就需要加做一些位點的檢測。DNA 親子鑒定肯定親子關係的準確率可達到百分之九十九點九十九，而否定親子關係的準確率幾近百分之百。

　　DNA 親子鑒定測試與傳統的血液測試非常不同，它可以透過不同的樣本上進行測試，比如血液、腮腔細胞、組織細胞樣本和精液樣本。在人群中的運用比較普遍的血液型號，如 A 型、B 型、O 型或 RH 型，可用以分辨每個人的血緣關係，但相對比不上 DNA 親子鑒定測試有效。因為除了真正的雙胞胎外，每人的 DNA 都是絕對獨特的。正因為這種獨特，和指紋一起成為親子鑒定最為有效的方法。

基因改造技術是怎麼回事

　　把人工分離和修飾過的基因導入到生物體基因組後，導入基因的表達會引起生物體特性的可遺傳修飾，這一技術就被稱為基因改造技術。我們平時常說的「遺傳工程」、「基因工程」、「遺傳轉化」等，都是基因改造的同義詞。生物體經基因改造技術修飾後，在媒體上常被稱為「遺傳修飾過的生物體」（Genetically modified organism, GMO）。

基因改造技術與傳統技術的異同

　　人類自從學會耕種以來，就一直從實者對作物的遺傳改

良。農作物改良在過去主要是選擇和利用自然突變產生的優良基因和重組體，再透過隨機和自然方式累積優良基因。遺傳學創立後，動植物育種就變成了透過人工雜交，重組優良基因和導入外源基因實現生物的遺傳改良。

因此，基因改造技術其本質是透過獲得優良基因進行遺傳改良，與傳統技術是一脈相承的。但是，基因改造技術在基因轉移的範圍和效率上，與傳統育種技術也存在區別。

首先，傳統技術實現基因轉移通常只能在生理時鐘內個體間進行；而基因改造技術所轉移的基因，不會因為生物體間親緣關係而受到限制；其次，傳統雜交和選擇技術操作對象是整個基因組，通常都是以生物個體為單位進行的，所轉移的也是大量的基因，不可能準確的操作和選擇某個基因，對後代的表現預見性不高。而基因改造技術所操作和轉移的基因，通常都是經過明確定義的，功能清楚，可準確預期後代表現。所以可以說基因改造技術是對傳統技術的提升和發展。生命科學如果能將兩者緊密結合起來，可以大大的提高動植物品種改良的效率。

認識基因改造植物

基因改造植物擁有來自其他植物的基因。它可以透過遺傳物質轉移、細胞重組、原生質體融合、染色體工程技術等方式獲得，並可能改變植物的某些遺傳特性，從而培育高產、優質、抗病毒、抗蟲、抗寒、抗旱、抗澇、抗鹽鹼、抗除草劑等

作物的新品種。而且利用基因改造植物或離體培養的細胞來生產外源基因的表達產物（如人的生長素、胰島素、干擾素、白介素、表皮生長因數、Ｂ型肝炎疫苗等基因），都可以在基因改造植物中獲得表達。

基因改造植物的研究目的在於透過改善植物的品質，改變生長週期或花期等提高植物的經濟價值或觀賞價值；或者用作某些蛋白質和次生代謝產物的生物反應器，從而實現對植物的大規模生產；也可以用於研究基因在植物個體發育中，以及正常生理代謝過程中的功能。

我們可以以植物作為生物技術的實驗資料，用單個細胞培育出整個植株。這樣，單個植物細胞經過基因工程改造，就有可能再生成一棵完整的基因改造植株。透過有性生殖過程這些植株還可把改變了的特性遺傳給下一代。

奇特的基因轉殖動物

羊奶六千美元一磅！羊身價三十萬美元！乳牛每年產奶價值數十億美元！這些都將不是天方夜譚，而是變成活生生的事實。

這些動物為什麼身價百倍呢？很簡單，就在於牠們是基因轉殖動物，牠們是天然的、無公害的「動物藥廠」，牠們的乳汁中含有「藥」。這種全新的生產模式利用基因轉殖動物生產蛋白質、造藥。基因轉殖動物的乳汁與細菌、細胞等生物工程製藥相比，不損傷動物，且方便收集；經過動物體內加工和修飾，

目的蛋白質已不必再進行後加工。同時，基因轉殖動物生產，還不必投入巨額資金建廠、添設施、雇用人員等。

此外，作為人類最好的「器官庫」，基因轉殖動物能提供從皮膚、角膜，到心、肝、腎等幾乎所有的「零件」，從而讓器官移植專家充分施展自己的才華，而體內部分「零組件」出了問題的病人也重新獲得了生的希望。

那麼基因轉殖動物究竟什麼是呢？為何它們有這樣神奇的功能？

所謂基因轉殖動物，就是基因組中含有外源基因的動物。它是透過細胞融合、細胞重組、遺傳物質轉移、染色體工程和基因工程技術，按照人類預先的設計，將外源基因導入精子、受精卵或卵細胞，再以生殖工程技術，最終發育而成的動物。透過基因（如生長素基因、多產基因、促卵素基因、高泌乳量基因、瘦肉型基因、角蛋白基因、抗寄生蟲基因、抗病毒基因等）的轉移，可能育成生長週期短，產仔、生蛋多和泌乳量高的動物，比如基因改造超級鼠就比普通的老鼠大出約一倍。

不過，受遺傳鑲嵌性和雜合性的影響，基因轉殖動物有性生殖後代出現變異的概率較大，因而難以形成穩定遺傳的基因改造品系。所以，先從受體動物細胞中把線粒體分離出，透過外源基因對其進行離體轉化，再把基因改造線粒體導入受精卵，所發育成的基因轉殖動物在雌性個體外培養的卵細胞和任一雄性個體交配或體外人工受精，因為線粒體的細胞質遺傳，

它的有性後代也許就全都是基因改造個體了。

基因改造食品安全嗎

基因改造食品隨著基因改造的發展也出現了。

所謂基因改造食品，就是將某些生物的基因，利用分子生物學技術轉移到其他物種中去，以改造生物的遺傳物質，在特性、消費品質、營養品質等方面使其向人類所需要的目標轉變，這種食品是以基因改造生物為直接食品或為原料加工生產出來。

一九九○年代初，第一個基因改造食品在美國出現，它是一種保鮮番茄。雖然這項研究成果最早是在英國研究成功的，但遺憾的是英國人沒敢將其投入商業，而美國人敢為天下先，結果也讓保守的英國人後悔不迭。

基因改造食品此後便一發而不可收。據統計，美國食品和藥物管理局已有四十多種確定的基因改造品種。而且作為基因改造食品出現最多的國家，美國百分之六十以上的加工食品中都含有基因改造成分，一半以上的玉米、百分之九十以上的大豆、小麥等，都是基因改造的。不僅如此，基因改造食品還有基因改造植物（如番茄、馬鈴薯、玉米等）和基因轉殖動物（如魚、牛、羊等）。

不過，面對越來越多的基因改造食品，人們並沒有形成共識。比較一下美國和歐洲，美國在基因改造食品上是「主吃派」，而歐洲則是「反吃派」。根據調查，美、加兩國的消費者

大部分已接受了基因改造食品，而歐洲是反對基因改造食品的占大多數，英國尤為明顯。

英國之所以持反對態度，是因為在一九九八年，一位英國教授研究表明，食用基因改造的馬鈴薯後，幼鼠的內臟和免疫系統會受到損害。這是最早質疑基因改造食品的，而且還在英國及世界範圍內引發了有關基因改造食品安全性的大討論。雖然於一九九九年五月英國皇家學會發表聲明，稱此項研究「充滿漏洞」，完全不足以得出基因改造馬鈴薯有害生物健康的結論。然而，消費者對基因改造食品的安全性問題還是產生了的質疑。

那基因改造食品的安全性究竟怎樣呢？基因改造生物從本質上來說，和常規育成的品種是一樣的，都是在原有基礎上對某些特性進行修改，或增加新特性，或消除原有不好的特性。常規育種局限於種內或近緣種間，而基因改造植物就不同了，它的外源基因可來自植物、動物、微生物等。雖然目前的科學水準還不能對一個外源基因在新的遺傳背景中會產生哪些相互作用做出完全精確的預測，但理論上說，基因改造食品還是安全的。

新知博覽 —— 警惕基因汙染

透過基因改造作物或家養動物，外源基因擴散到自然野生物種或其他栽培作物，並成為後者基因的一部分，環境生物學

中把它稱為基因汙染。

　　基因汙染主要是因為基因重組導致的。不同基因透過酶促催化而產生轉移、交換而重新組合叫做基因重組，它可以使生物表達出新的結構和功能特徵。假如基因重組生物從實驗室裡擴散到自然界當中，那麼由於生物的新功能，自然生態的平衡就可能會被破壞，從而產生基因汙染。

　　首先，傳統的作物可能會被基因工程汙染。因為基因工程作物中的基因改造擴散到傳統作物上後，會影響現有的農業生態系統。儘管目前還難以完全預測傳統作物被基因工程作物的基因汙染後，會發生怎樣的後果，但有害性已得以確認。

　　其次，自然界的生物基因庫可能會被汙染。國外近年來已有研究報導，附近地區的野生植物上發現了基因工程玉米的抗除草劑基因。某些抗性基因被野生植物汙染了，這已造成所謂「超級雜草」的出現。還有，一些如基因轉殖魚類、基因轉殖無脊椎動物和基因改造森林、基因改造藻類等基因工程生物，其繁殖力極強，會向周圍釋放大量生殖配子，而其外界自然環境也存在許多有性繁殖相容性的容易受到基因改造物種的汙染的野生種和近緣種。

　　此外，基因工程還可能會造成環境汙染，汙染無公害作物。比如自然界的食物鏈可能會受到基因工程 Bt 殺蟲作物的影響，從而造成生態平衡破壞。

　　為了預防基因改造擴散到自然環境，科學家正在積極行

動。例如：一種名為「終止因數」的手段可以防止第一代基因工程作物的種子發芽；而美國的超級鮭魚（一種基因工程動物食物），就被製成了不育的。在國外已初步成功一項更新的發明，它的原理把基因改造導入葉綠體的 DNA 上，而不是平常那樣導入細胞核的染色體 DNA 上。葉綠體 DNA 是母系遺傳，透過父系花粉外來的基因改造會散布到自然界的野生物種中。此外，根據糖代謝原理設計的一種新的標誌基因已問世，在多種作物上可代替抗生素抗生素抗性基因的使用。這都是些值得鼓勵的研究。人類的聰明與良知也是我們堅信：能對基因工程生物安全問題有個基本解決，是人類奉獻給二十一世紀最好的禮物。

複製技術探祕

複製，意思是生物體透過細胞進行無性繁殖的形成基因型完全相同的後代個體組成的種群，簡稱「無性生殖」。

英國羅斯林研究所的科學家維爾穆特等人在一九九七年二月二十二日，宣布利用體細胞複製羊獲得成功，震驚了整個世界。複製羊「桃莉」一時成為動物界最耀眼的「明星」，其「咩咩」的叫聲更是迅速響遍全球。

複製技術的三個時期

複製技術在現代生物學中也被稱為「生物放大技術」，它已經歷了三個發展時期。

第一個時期是微生物複製技術，也就是用一個細菌很快複製出一模一樣的成千上萬個細菌，從而變成一個細菌群；第二個時期是生物技術複製，如用遺傳基因 —— DNA 複製；第三個時期就是動物複製，即用一個細胞複製成一個動物。複製羊「桃莉」就是從一頭母羊的體細胞複製出來的，也就是所謂的動物複製技術。

在自然界當中，如番薯、馬鈴薯、玫瑰等植物可以插枝繁殖，說明不少植物都具有先天的複製本能。而動物的複製技術，則實現了由胚胎細胞到體細胞的發展。

美國科學家早在一九五〇年代時，就以兩棲動物和魚類作為研究對象，首創了細胞核移植技術。英國科學家魏拉德森一九八六年就用胚胎細胞複製出一隻羊，後來又有人相繼複製出了牛、鼠、兔、猴等動物。牠們的誕生，都是利用胚胎細胞作為供體細胞進行細胞核移植而獲得成功的。

而 「桃莉」是以乳腺上皮細胞（體細胞）作為供體細胞進行細胞核移植的，它也是生物複製史上的里程碑，突破了傳統上利用胚胎細胞進行核移植的方式，使複製技術得到了長足的進展。

「桃莉」的誕生過程

對羅斯林研究所的科學家維爾穆特研究小組全體成員來說，一九九七年二月二十二日是個值得慶祝的日子。一隻體重為六千六百克的，編號為 6LL3 的小綿羊在妊娠了一百四十八天

後，誕生在這個世界上，這是科學家利用複製技術「創造」出來的。幾個月的精心呵護使小傢伙健康的成長了起來。牠不久還獲得了一個響亮動聽的名字 —— 桃莉。

科學家在培育桃莉的過程中，採用的是體細胞複製技術。這需要依靠人工技術進行引導複製，因此與透過生殖細胞進行繁殖相比要困難得多，這是因為牠與生物的個體繁殖過程有關。動物每個體細胞在有性繁殖的個體發育過程中，功能方面會發生分化，最終形成特殊的組織和器官。雖然所有體細胞擁有同樣的基因組，但個體細胞卻喪失了「全能性」。除了那些含有導致形成組織和器官的密碼基因外，在細胞生長過程中，基因透過某些機制將體細胞「封閉起來」，使牠們不能轉變為其他組織和器官。

複製小綿羊「桃莉」的誕生非常曲折，雖然牠沒有父親，卻有三位母親。科學家首先從一隻產自芬蘭的六歲成年多塞特母綿羊 A（「桃莉」的親生母親）的乳腺中取出一個普通細胞（本身並沒有繁殖能力），放入低濃度的營養培養液中後細胞逐漸停止分裂，此細胞被稱為「供體細胞」；然後，科學家再把一隻蘇格蘭黑母綿羊 B（「桃莉」的借卵母親）的未受精的卵細胞中的基因取出，換上母綿羊 B 的乳腺細胞的基因，於是卵細胞便含有了新遺傳物質；將這個基因已被「調包」的卵細胞放電啟動後，它會分裂發育成胚胎；最後，在胚胎生長到一定程度的時候，再將它植入第三隻母綿羊 C（「桃莉」的代孕母親）的子宮

中，進行正常的妊娠從而產下「桃莉」。

桃莉從理論上講，完全繼承了多塞特母綿羊 A（其親生母親）的全部 DNA 基因特徵，是多塞特母綿羊百分之百的複製品，牠是一隻白臉羊而非黑臉羊。透過分子生物測定也能看出，牠與提供細胞核的那隻羊有完全相同的遺傳物質，簡直就是一對隔了六年的雙胞胎。桃莉牠是透過無性繁殖，或說複製技術而來的，所以沒有父親。

在低等植物中無性繁殖現象是存在的，而動物的繁衍要按照哺乳動物界的規律，是由兩性生殖細胞來完成的，由於在後代體內父體和母體的遺傳物質各占一半，因此後代絕不是父母的簡單複製。複製羊的誕生，卻意味著利用哺乳動物的一個細胞人類可以大量生產出完全相同的生命體，完全打破了人們信奉已久的自然教條。這是生物工程技術發展史中的一次飛躍，也是人類歷史上的一項重大科學突破。

複製技術的利弊

作為「一座挖掘不盡的金礦」，複製技術在生產實踐上具有重要的現實意義，潛在經濟價值非常大。首先，較常規方法而言，在動物雜種優勢利用方面，哺乳動物複製技術需要的時間少、選育的種畜特性穩定；其次，在搶救瀕危珍稀物種、保護生物多樣性方面，複製技術可發揮重要作用，比如自然交配成功率很低的話，科研人員也可以透過從瀕危珍稀動物個體身上選擇合適的體細胞進行無性繁殖，從而達到有效保護這些物種

的目的。

　　然而，對人類來說，動物複製技術應該是一把「雙刃劍」。它一方面可以給人類帶來許多益處（如保持優良品種、挽救瀕危動物、利用複製動物相同的基因背景進行生物醫學研究等）；另一方面，它又會挑戰生物的多樣性，這種多樣性是自然演化的結果，也是演化的動力，如果說有性繁殖是形成生物多樣性的重要基礎，那麼「複製動物」的無性繁殖可以說會導致生物品系減少，個體生存能力下降。

　　更讓人擔心的是，一旦複製技術被濫用於複製人類自身，將很有可能會失去控制，生態會空前混亂，並可能引發一系列嚴重的倫理道德衝突。這一情況，已引起世界各國政府和科學界的高度關注，並透過立法等措施明令禁止濫用複製技術製造「複製人」，從而保證複製只用於造福人類，而避免因為複製人類引發問題。

相關連結 ── 人體藝術複製

　　與醫學上的複製人概念完全不同，人體藝術複製只是借用了「複製」一詞的「複製」含義。這樣不僅是為了讓人聽起來感到新穎易記，最主要的是只有用「複製」才能準確、真切的表達該項技術的精細特徵。

　　什麼事人體藝術複製呢？就是在人體器官表面，將美容專用材料與進口天然植物纖維合成物製成的複製專用膠進行倒模

工藝，成型只需十幾分鐘；將一種高分子合成材料注入基模內後，一個與原體完全相同的複製品便出來了；第二步是著色，根據自己的喜好我們可以把它們處理成亮金、亮銀、純白、透明水晶、瑪瑙、仿銅或柔軟真人肌膚等效果；最後一步是裝幀，或鑲在鏡框或按於基座。接下來，一幅新穎獨特、妙趣橫生的局部人體藝術複製品就呈現在我們眼前了。我們還可以給它賦予一定內涵，比如「牽手」啦、「成長足跡」啦、「海枯石爛」啦、「心心相印」啦等等等等，既可以拿來裝飾新居，美化生活，又可借其豐富內涵，表達自己的情感和珍藏曾經最美好的回憶。

　　這個過程同時也是一次美容過程，我們可以根據自己的要求來製作頭、臉、手、腳及半身雕像，從而複製出世界上獨一無二的人體藝術雕像，它的線條、紋路、大小都與真的一模一樣。

愛滋病從哪裡來

　　愛滋病，即後天性免疫缺陷症候群，英語縮寫 AIDS 的音譯（Acquired Immune Deficiency Syndrome）。愛滋病首次注射和被確認是在一九八一年的美國，曾譯為「愛滋病」、「愛死病」。分為 HIV-1 型和 HIV-2 型，是人體注射感染了「人類免疫缺陷病毒」（HIV - human immunodeficiency virus）（又稱愛滋病病毒）所導致的傳染性疾病。

　　作為一種能攻擊人體內臟系統的病毒，愛滋病病毒 HIV 會

以 T4 淋巴組織（人體最重要的免疫系統）為攻擊目標，並大量破壞 T4 淋巴組織，產生高致命性的內衰竭。這種病毒在地域內終生傳染，破壞人體的免疫平衡，並且使人體成為抵抗各種疾病的載體。其實，HIV 自身不會引發任何疾病，而由於人體抵抗能力過低，免疫系統遭到 HIV 破壞後，會喪失複製免疫細胞的機會，從而會感染其他疾病，因各種複合感染而死亡。在人體內愛滋病病毒一般可以潛伏十二至十三年。患者在發展成愛滋病之前，外表看上去會很正常，有時候甚至可以生活和工作很多年而無任何症狀。

愛滋病的陸續發現

一九七八年，在美國紐約發現了第一例愛滋病病人，截至一九九九年十一月二十六日，世界衛生組織根據各國官方提供的統計數字表明，世界範圍內已有一百六十三個國家和地區報告發現了愛滋病病人。世衛組織專家提出，全世界愛滋病實際患者估計已達三千四百萬，其中已有一千六百萬人死於愛滋病。

許多科學家進行了大量研究來弄清楚愛滋病的病因，但至今仍沒有解決。大多數的科學家認為，愛滋病的發病可能與一種 T 細胞有關。

一九八三年五月，法國巴斯德研究所的呂卡·蒙塔尼埃研究組，從患者的淋巴結中分離出了愛滋病病毒。這也是人類第一次發現愛滋病病毒。研究人員指出，這種病毒附著在 T 細胞表面進行繁殖後，被感染的 T 細胞就會很快停止生長，從而因

為喪失免疫功能死亡；而釋放到血液中後，新繁殖的愛滋病病毒又會尋找新的 T 細胞。透過這樣循環往復，患者免疫力就會下降，最終失去抵抗力。

少數科學家認為，愛滋病很可能還有其他因素在起作用，並非僅僅由一種病毒引起的。

一九八六年上半年，世界衛生組織決定將愛滋病病毒定名為「人體免疫缺損病毒」，英文縮寫為 HIV。而愛滋病就是由這種 HIV 潛伏性和作用緩慢的病毒引起的疾病，英文縮寫為 AIDS。一九八八年，為喚起向世界各國共同對付這種迄今出現的人類歷史上最厲害的病毒，世界衛生組織定每年十二月一日為「世界愛滋病日」。

對愛滋病來源的探索

科學界關於愛滋病的來源的說法也是多種多樣。人們開始時認為，愛滋病與同性戀有關。因為在美國的一些大城市，有很多愛滋病患者是同性戀。然而經過研究後發現，其實西方國家早在古希臘羅馬時代，就已經存在同性戀問題；同樣，在東方國家的古代社會中，也有同性戀者。如果愛滋病是由同性戀所導致，那麼肯定古代肯定就已經流行了，為什麼在現在才開始傳播呢？因此得出的結論是：同性戀並非愛滋病的起源。

最令人震驚的是，有人認為愛滋病病毒產生於美國的細菌戰研究。他們認為，愛滋病毒是美國生物戰研究中心，曾利用遺傳工程基因重組的新技術製造出來的新病毒。因為美國在越

南戰爭時，就進行過這一問題的研究，他們想製造一種新型的生物戰武器。研究者首先在中非綠猴身上做了實驗，後來又在為減刑而自願接受該病毒的一些負重刑囚犯身上進行實驗，並且囚犯中不少是同性戀者。這些囚犯被釋放後，便將愛滋病病毒帶到了社會，並由各種途經傳播開來。實驗者和被實驗者都沒有料到會出現這樣的後果。

儘管美國有關方面否認了這一說法，但這一觀點曾引起了各種各樣的議論和猜測，總有人將美國是全世界愛滋病最多的國家與此問題聯繫起來，並堅持這種觀點。

兩位英國科學家曾提出另一種看法：愛滋病是從「外空傳入地球」的。他們認為，可能早在外空中時愛滋病病毒就已經存在了，人類之所以一直沒有被感染上，是因為千百年來缺乏傳播媒介。後來，由於一顆飛逝的彗星撞擊了地球，這種可怕的病毒被帶到地球，從此人類便開始遭殃了。不過，目前還沒有找到可靠的證據來證明這種假說。

現在人們又提出了「猴子傳給人類」的假說。經過研究科學家發現，與人類愛滋病患者一樣，在猴子身上存在著相同的病毒，而這種猴子生活在非洲。研究人員把接觸血液會感染愛滋病病毒，以及中非地區高發病率與奇特生活方式等方面聯繫起來，推測愛滋病病毒是猴子傳給人類的。而資料顯示，中非地區的盧安達、查德等國家和地區早在美國出現愛滋病以前，就已經出現過愛滋病了。於是有人假設，類愛滋病病毒最早在當

地的猴群中出現，因為當地人經常吃猴子肉及被猴抓傷，這種病毒便侵入人體，最後逐漸變成愛滋病病毒。專家估計，可能在非洲中部城市人口中，高達百分之十的人攜帶愛滋病病毒。

一九八〇年代，薩伊的金夏沙市在對千份血液樣本進行檢驗後，發現帶有愛滋病病毒的樣本占百分之六至百分之七；在尚比亞首都路沙卡的一次調查中，百分之十八的輸血者攜帶愛滋病病毒；一九八七年，在尚比亞接受了愛滋病治療的兒童約有六千名；而在非洲一些地方，百分之五的新生嬰兒都攜帶愛滋病病毒，在兩年內，一半至三分之二的人會變成愛滋病。

一位法國的研究人員偶然了解到，中非地區有些居民有這樣的風俗習慣：為了刺激性慾性慾，他們將公猴血和母猴血分別注入男人和女人的大腿和後背等；同樣的方法還被有些居民拿來治療不孕症和陽痿等病。於是許多專家認為，這就是愛滋病傳染給人類的方式。但令人困惑的是，這種奇特習俗的歷史比愛滋病流行史要長得多，這是什麼原因呢？研究人員對此進行了假設：在很早以前，猴子可能就將愛滋病病毒傳給了人類，但因某些原因數次自生自滅。而由於現代大量歐美人員到非洲後便染上了這種病毒，並帶回歐美；性生活混亂和吸毒等不良行為的流行更加深了愛滋病在歐美地區的氾濫。

從以上種種假設中我們可以看出，儘管我們在愛滋病研究上已取得了很多成果，但愛滋病究竟是如何起源，至今還沒有一個統一的說法。很多專家認為，這種爭論其實還僅僅是一個

開始，要想弄清愛滋病的來源，仍然需要相當長的時間。

延伸閱讀 —— 愛滋病的傳播途徑

　　愛滋病病毒的傳播方式主要有性行為和體液交流。體液包括精液、血液、陰道分泌物、乳汁、腦脊液；其他體液，如眼淚、唾液和汗液等，因為存在病毒的數量很少，一般不會導致愛滋病的傳播。

　　因為透過唾液傳播愛滋病病毒的可能性非常小，所以一般接吻是不會傳播的。不過當健康的一方口腔內有傷口或破裂的地方同時愛滋病患者口內也有破裂的地方時；雙方接吻後，就可能會透過血液而傳染愛滋病病毒。

　　汗液是不會傳播愛滋病病毒的，所以僅僅是愛滋病病人接觸過的物體也不可能傳播愛滋病病毒。但是，在愛滋病病人用過的剃刀、牙刷等上面，可能有少量愛滋病病人的血液。當和病人一任用這些個人衛生用品時，可能就被傳染。還應注意的是，性亂交而患愛滋病的病人往往還有其他性病，和他們共用個人衛生用品，就算不會被感染愛滋病，也會感染其他疾病，因此個人衛生用品最好還是不要和其他人共用。

　　平常的接觸一般也不會傳染愛滋病，所以不應該歧視愛滋病患者，如共同進餐、握手等，都不會傳染愛滋病。即使是愛滋病病人吃過的菜、喝過的湯也不會傳染愛滋病病毒。

　　愛滋病病毒其實非常脆弱，離開人體後暴露在空氣中，幾

分鐘就會死亡。雖然愛滋病傳說中很可怕，但其實它傳播能力並不是很強，不會透過我們日常活動傳播。換句話說，淺吻、握手、擁抱、共餐、共用辦公用品、共用廁所、游泳池、共用電話、打噴嚏等不會感染愛滋病毒，即使是照料病毒感染者或愛滋病患者也不會被輕易傳染。

醫學成像技術可透視人體構造

在過去幾年醫學成像技術取得了快速的發展，如今，這些新技術在甄別人體任何結構及許多重要的生物過程方面都顯示了巨大優勢，比如不同的血流速度等，為我們更好的了解自己的身體構造提供了很多幫助。

擴散張量影像

用來描述大腦結構的新方法，被稱為擴散張量影像（DTI）。
擴散張量影像其實是核磁共振成像（MRI）的特殊形式。舉個例子，如果把核磁共振成像比作追蹤水分子中的氫原子，那麼擴散張量影像就可以看作依據水分子移動的方向製圖。人腦的神經細胞纖維又長又薄，通常分子會沿著神經細胞纖維擴散。研究人員能夠突出水分子和一組組神經細胞纖維以相同方向運行的部位。這樣的擴散張量影像圖可以用來揭示腦瘤如何影響神經細胞連接的，從而為醫療人員進行大腦手術進行有效的引導。

除此之外，它還被用來揭示同中風、多發性硬化症、精神分裂症、閱讀障礙有關的細微反常變化。

核磁共振成像

患者在核磁共振成像儀器下，需要躺在圓柱形磁體內，從而暴露在強大的磁場裡。而一旦暴露在磁場中，水分子的質子接著會排成一行，隨後它們當遭到無線電波的攻擊時，會立即不成直線，亂作一團。而電腦在質子重新排列的過程中，會收集它們的訊號，從而加工成圖片。在生成的圖片中，富含水的組織會發出更強烈的訊號，看上去更亮，而骨骼相對較暗。

這項技術現在主要用於此處是來描述大腦和頸部動脈的。在對患者注射了用於對比的成像劑以後，放射線專家可以重複掃描其腦部，成像劑這時會在血管中移動，從而使醫生看清楚造成中風、腦動脈瘤和各種外傷的堵塞物。

此外，在神經成像方面核磁共振成像技術也有廣泛應用。腦脊髓液是脊椎管和大腦處的明亮區域；而向下延伸至身體的長條狀體則是脊髓。

CT 電腦斷層掃描技術

而所謂的用以顯現骨盆的 CT 電腦斷層掃描，就是將成像劑注射到人的靜脈內，使體內的血管與軟組織形成鮮明的對比；然後醫生可以根據電腦軟體凸顯的骨骼和血管之間差別，做出更明確、更快速的診斷。

　　CT 在通常情況下使用一個 X 光源，但為了更清晰的呈現軟組織，研究人員可以將兩個不同能量的 X 光源結合在一起。由於特定組織吸收不同的能量，儀器可以突出展示它們的圖片。研究人員對屍體進行掃描，將掃描結果同他們的「虛擬」發現相比較，可以檢驗這種呈現方式的準確性。

　　雖然 CT 技術的主要目標是改善健康，但也有用來虛擬驗屍的可能性。像這樣的 CT 掃描可以揭示小刀等物體的路徑，成為法醫檢查的一部分。

X 光電腦斷層掃描技術

　　X 光電腦斷層掃描技術可以呈現出手上細小的血管。這種由最新數位探測儀生成的圖片品質，讓放射科醫師可以不用使用高劑量的輻射物就能看清楚器官的細微之處。

　　製作有用的醫學圖片主要涉及兩個主要方面：一是搜集資料，二是將這些資料轉換為可以快速而且準確解讀的圖片。這張由一種稱為 X 光電腦斷層掃描（簡稱 CT）的先進 X 光技術生成的圖片，突出了上述兩個方面的進步。把體繪製軟體 CT 電腦斷層掃描技術結合起來，可以識別心臟附近主動脈的異常情況。再向下，還可以清楚的看到肝臟和腎臟。至關重要的是準確測定主動脈直徑，因為藉此外科醫生可以判斷主動脈是否可能破裂。

正子斷層掃描掃描技術（PET）

與很多醫學成像技術主要集中在解剖構造方面有所不同，正子斷層掃描掃描技術（PET）這種技術生成的圖片突出了細胞活動。醫生先是要給患者注射放射性示蹤劑，其中吸收示蹤劑最多的細胞會發出亮光。因為癌細胞會消耗大量能量，吸收葡萄糖。，透過示蹤劑（葡萄糖），我們可以看到它們會快速生長並分裂。

腎臟、骨骼和血管的結構透過 CT 掃描都清晰可見。PET技術最常用於腫瘤學檢查，在心臟病學和神經病學領域也有所應用。

新知博覽 —— 超音波診斷

超音波探測技術在一九五〇年代開始應用於醫學，英國格拉斯哥的唐納德醫生發現，用超音波脈衝透過孕婦的腹壁，就能了解胎兒的狀況。

一九五五年，美國人萊斯科爾首次透過超音波觀測人的心臟。後來這項技術不斷改進，特別是在使用了微資訊處理機後。一九七〇年代初期終於形成了一整套完整的超音波掃描技術。

現在常見的超音類診斷器種類有 A 型超音波診斷儀、B 型超音波診斷儀器和超音心動圖儀等。

A 型超音波診斷儀又稱「幅度調製型超音儀器」，超音波在

人體內遇到不同密度組織介面時，部分能量會反射回來形成反射波，我們就可以出現的時間間隔，區分、測量人體內不同組織分介面的位置，根據反射波的有無、多少、強度、形態等綜合判斷疾病。

　　B型超音波診斷儀是「亮度調製型超音診斷儀」的簡稱。由於在螢光幕上能顯示斷面圖片，又被稱為「斷面顯像儀」。它相當直觀，顯示的圖片具有與人體解剖位置直接對應，所以，方便使用，診斷正確率高。近年來，許多臟器的檢查是用超音波顯像儀，但腦部和眼部等部位的輔助檢查仍以A型超音波為主。

器官移植術的發展

　　古印度的外科醫生大約在西元前六百年左右就用從患者本人手臂上取下來的皮膚來重新修整鼻子。這種古老的植皮技術，與此後的異體組織移植術是今天異體器官移植手術的先驅，其實就是一種自體組織的移植技術。

最早的器官移植手術 —— 眼角膜移植術

　　眼角膜移植術是最早取得成功的意圖組織移植技術。它西元一八四〇年由一位愛爾蘭內科醫生比格首次完成。

　　在第一次撒哈拉沙漠戰爭中比格被阿拉伯人俘虜。他在被拘禁期間，做了角膜移植手術，將從羚羊眼球上的角膜取下移植到人的眼球上。

此後大約在西元一八四四年，紐約的卡勝醫生將豬的角膜移植到人的眼球中，不過不久以後植的角膜就變得不透明了。

而在角膜移植手術，過眼科醫生的不斷努力，已經是一項很普通的外科手術了。

器官移植手術的難度

與組織移植相比，器官移植要複雜得多，難度也更大。現代的器官移植歷史是從美國外科醫生亞歷克西斯·卡雷爾的工作開始的。

一九〇五年，亞歷克西斯將一隻小狗的心臟移植到了大狗頸部的血管上，並首次在器官移植中縫合血管成功。結果，小狗的心臟雖然由於血栓栓塞而停止跳動，但畢竟跳動了兩個小時。這位嘗試移植心臟的先驅者，也因他的多項研究成果而榮獲了一九一二年諾貝爾醫學和生物學獎。

從一九五一年到一九五三年，休謨在美國把九個屍體捐贈者的腎臟移植到人體上，其中最長的存活了六個月。這也是世界上最早的取得部分成功的人體重要臟器移植手術。

一九五〇年代，科學家又完成了動物心臟的移植。一隻小狗在換了心臟之後，存活了十三個三個月。

使器官移植獲得較高的成功率，不僅要不斷提高手術技術和改進各種醫療器械（如使用體外循環的心肺機等），最重要的是尋找免疫排斥反應的根源和解決器官移植中免疫排斥的方法。

人體對外來異物的免疫反應，能夠非常有效的防禦細菌、

病毒等引起的疾病。不幸的是，人體並不會自動加以區別，一旦它辨識為非己之物，哪怕移植來的心臟、腎臟等器官是為了拯救生命，也會被毫不留情的排斥，這也就使得器官移植遭遇到了極大的困難。

　　因此，從理論上必須解決人類器官移植成敗的 —— 免疫排斥反應的根源。美國免疫學家斯奈爾早在一九五〇年代時就發現了小鼠的組織相容性及控制這一特性的 H-2 基因。免疫學家讓‧多塞在一九五八年發現了人體內控制組織相容性基因的「人體白血球抗原」基因（HLA 基因）。一九八〇年代，透過動物實驗哈佛大學學者巴魯伊‧貝塞納拉夫發現，HLA 基因不僅決定著人體免疫反應的強弱，還影響著人體器官移植的成敗。由於其免疫學方面的成就這三位學者獲得了一九八〇年的諾貝爾醫學獎和生物學獎。

　　然而，發現免疫排斥的根源與找到解決器官移植中免疫排斥的方法並不一樣，它還需要在實踐中不斷探求。一九五四年十二月，美國波士頓醫生莫里成功進行了世界上第一例同卵雙胞胎之間的腎臟移植手術，接受手術者因此活了八年。在同卵雙胞胎之間白細胞表面抗原大部分相同，組織相容性能匹配，發生排異危險性較小，所以他們進行器官移植是比較容易成功的。

　　但因為這種情況實在是太少了。一九五九年，莫里又採用了另外一種方法，他對腎臟移植的患者給予了全身大劑量放射

線照射，從而抑制異體排異反應，使非同卵雙胞胎間的腎臟移植手術成功。雖然這種方法能抑制排斥反應，但卻容易損害受體身體。

後來，英國劍橋大學學者羅伊・卡勒發現，硫唑嘌呤能夠阻礙動物身上的異體排斥反應。這一發現也大大提了高器官移植成功率。一九六七年十二月四日，南非開普敦的巴納德醫師成功的完成了首例人類異體心臟移植手術，全世界都為之而振奮。

一九八〇年代初期，卡勒又發現了一種毒性較低的叫做「環孢菌素」的抗免疫排斥的藥物，更適用於器官移植使用。

從一九五四年莫里成功的完成第一例腎臟移植手術到一九八〇年代末，器官移植手術已經使二十多萬人重獲新生，世界範圍內也已有十五萬人成功進行了腎臟移植，心臟和肝臟移植則有一萬多例，胰臟移植兩千五百多例，心臟同時移植近千例，肺移植三百多例。

腦移植是器官移植難度中最大的。瑞典、美國和日本等國家為解決這一難題，都成立了腦移植研究小組。他們用白鼠研究帕金森氏症的治療，這是一種中腦灰質神經細胞退化的疾病，不能正常分泌多巴胺而導致顫抖和肌肉強直等症狀。科學家們在破壞白鼠灰質後，將白鼠胎兒的灰質細胞移植到與具有帕金森氏症相同症狀的白鼠腦內，並獲得了成功。在徵得帕金森氏症重症患者的同意後，瑞典的一家醫院對其實施了腦組織

移植手術，術後一定程度上減輕了症狀。但是，這還不是大腦器官的移植，與其他器官移植比起來，腦移植難度要大得多。不過，隨著腦移植研究的不斷發展，人類腦移植的可能一定會實現。

相關連結 ── 人工心臟

人工心臟是以一種機械的方法將血液輸送到全身各器官從而代替心臟功能，是在解剖學、生理學上替代人體因嚴重疾病而喪失功能、無法修復的自然心臟的一種人工臟器。

還有一種我們經常聽說的關於心臟的儀器是人工心律調節器。這其實是一種人工製成的精密儀器，透過一定型式的人工脈衝電流刺激心臟，它能使心臟產生有規律的收縮，從而不斷泵出血液來滿足人體的需要。人工心律調節器可隨時監測患者心臟工作的情況，出現異常情況後，它能引導心臟有規律的跳動，從而幫助患者免除如心動過緩、停搏等各種心臟疾病所引發的心悸、胸悶、頭暈甚至猝死等症狀。

人工心臟分為輔助人工心臟和完全人工心臟。輔助人工心臟有左心室輔助、右心室輔助和雙心室輔助，以輔助時間的長短又分為永久性輔助（兩年）及一時性輔助（兩週以內）兩種；完全人工心臟包括一時性完全人工心臟、以輔助等待心臟移植及永久性完全人工心臟。

早在西元一八九五年，雅各德就曾試圖透過人工心臟泵對

身體的組織和器官進行灌流。一九三〇年代，在美國從事研究工作的法國醫學家亞歷山大・卡雷爾，因為發明了輸血治療法、首次完成器官移植和血管縫合術、發現滋養術等成就而獲得一九一二年諾貝爾醫學和生理學獎，與他的美國助手林德伯格合作研發了世界上第一個人工心臟。這是一種暫時的輔助性人工心臟，其實就是一種體外循環機。卡雷爾和林德伯格還發明了世界上第一個人工肺 ——「鐵肺」。病人在植入鐵肺後，竟然奇蹟般的活了下來。

　　一九五七年美國開始完全人工心臟的研究。首先是索爾茲伯里闡述了哺乳動物體內埋植機械的「人工物」代行身體器官機能的可行性。然後是科夫和阿久津哲造開始了真正的研究工作。一九五七年，他們進行了有關人工心臟的基礎研究；一九五八年製成了人工心臟，並實行了一個以人工心臟置換狗心臟的實驗，不過這隻狗九十分鐘後就死了。

　　經過大量的動物實驗後，一個很偶然的機會，人工心臟用在了人上。一九六九年，一位心臟腫瘤患者因為術後心臟停止跳動，需要馬上進行心臟移植手術。在未找到捐贈之者前，使用了人工心臟來維持其生命，並且長達六十四小時，直至等到捐贈心臟為止。但不幸的是，患者在捐贈心臟移植後三十二小時，還是去世了。雖然這樣，手術還是證明，作為暫時性、部分取代心臟的輔助性人工心臟，已經基本獲得了成功。

生命醫學探奇

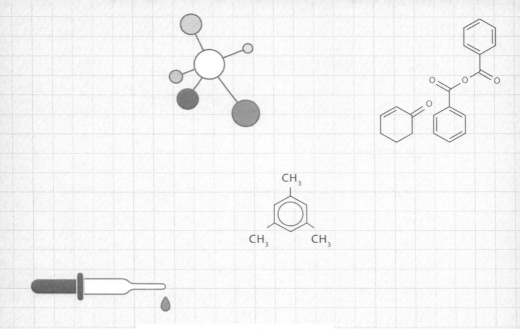

解密人體科學

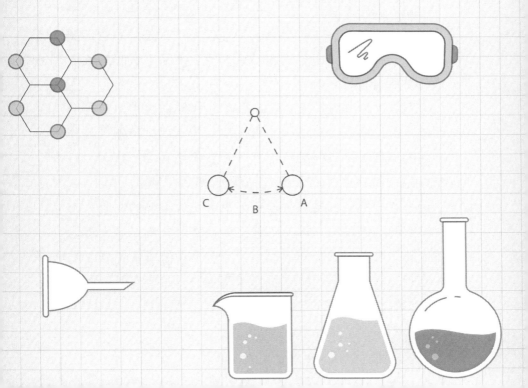

大腦的祕密

　　想知道你大腦的體積嗎？──兩手握拳，合在一起成球狀。作為以立方公分計算的整個已知宇宙中最複雜的物質，大腦也是科學界尚無人摘取的最大發現。究竟大腦是如何工作的？為什麼會產生意識？儘管透過科學家們的研究成果，我們對大腦的了解越來越多，但科學家直到今天所發現的有關大腦的祕密，也不過是冰山一角。大腦和記憶基本上仍然是神祕的。

大腦令人困惑的地方

　　在人腦中許多令人困惑的地方中，最令人困惑的就是大腦的個體機制和它的工作機理。目前，人們對這個問題的認識仍然很少。比如：人腦如何處理資訊呢？人腦中資訊的表象是怎樣的呢？等等。

　　其次，精神分裂症在關於腦功能和結構異常引起的疾病問題中，是占主要地位的，患者出現幻覺、思維障礙、妄想、精神活動與現實活動脫離等症狀。對於這種腦病的病因，目前科學家還沒有找到答案。還有一種疾病──癲癇，人口中約有二百分之一的患病機率，但卻嚴重威脅著人類的健康，而且至今沒有弄清楚病因。再有一種疾病就是老年痴呆症，醫生在為這種腦病患者做檢查的過程中，發現有一種特殊的蛋白質沉積在他們的腦中，但至於它是怎樣產生的？在發病過程中又達到何種作用？目前仍然是一個謎。

最後就是有關意識。在近代生理學家看來，大腦皮層是智力和意識活動的中樞，並提出大腦的發達程度和智力的高低與腦子的大小有密切聯繫。醫學家們為了弄清這個問題，甚至還對許多傑出人物的腦子進行了解剖。實驗證明：正常成年男子的腦重大約為一千四百二十克，女子的腦重比男子要輕十分之一。如果男子腦重輕於一千克，女子輕於九百克，就會影響人的智力。

　　但是，隨著科學技術的發展，科學家又得出了一些與定論違背的論調。比如英國的神經科專家約翰‧洛伯教授就指出：人類的智力與腦可能完全無關。因為一個完全沒有腦子的人，也一樣可以有卓越的智商。他的理論依據是：英國的謝菲爾德大學數學系的一名學生每次考試都相當優秀，但當對他的腦部進行探測後卻發現，他的大腦皮層厚度僅有一毫米，遠低於正常人的四十五毫米，他的腦部空間充滿了腦脊液。還有一位醫院的女工作人員，智商高達一百二十，然而她根本就沒有大腦這部分。

　　如果大腦皮層是智力和意識的活動中樞，那麼我們如何解釋這位沒有腦子的高材生呢？比如洛伯教授發現的「水腦症」，雖然有腦，但不及正常人的四分之一。那麼他們的智力為何會那麼高超呢？令人費解。

大腦中的嗜酒中樞

　　在大腦探祕中，科學家們還進行了另一個關於人腦中樞的

研究，用來驗證人腦中是否存在嗜酒中樞。面對一些酗酒的人，科學家想：既然大腦中有負責正常人進食和飲水的延腦，那能不能找到嗜酒的中樞呢？

前蘇聯的科學家首先對這個問題進行了研究。他們發現，大腦中下丘腦與嗜酒有一定的關係。經過研究，前蘇聯醫學科學院的蘇達科夫認為，酒精會造成一定的副作用，破壞下丘腦神經細胞。在對許多動物和人類中的嗜酒的人的下丘腦檢測後，科學家發現，酒精細胞會破壞大腦神經細胞的正常工作，而被破壞的神經細胞還會發出「索取」酒精的指令，於是嗜酒者就會沉湎於無休止的酒精麻醉當中。科學家為了證實這一點，還做了這樣一個實驗：讓一群老鼠連續飲酒一個月，這些老鼠全都變成了酒鬼，然後再破壞一部分老鼠的渴中樞，並且一連數天不讓所有實驗鼠喝水，後來面對清水和酒精時，在九十隻老鼠中只有六隻選擇了清水，其餘的八十四隻全部選擇了酒精；而沒有喝過酒和動過手術的老鼠，都是選的清水。

這個實驗有力的說明：受酒精的刺激後，動物大腦中的嗜酒中樞可能會轉化成渴中樞。因此有些科學家斷言，大腦的嗜酒中樞就是渴中樞。

該實驗在學術界產生了很大影響，但仍然有一些生理學家和醫學家仍然懷疑人腦中存在著嗜酒中樞。他們認為，需要進一步的證實在動物身上獲得結果能否同樣適用於人類，因為與動物嗜酒是一種人工造成的生理需要不同，人的嗜酒情況非常

複雜，還有遺傳、環境、習慣、性格等各種因素的作用；其次，實驗僅是證明了一部分動物大腦中的嗜酒中樞而已，對於所有動物來說是否成立也需要進一步的證明。因此，對於人腦中是否存在著嗜酒中樞，更需要進一步的實驗來證明。

大腦意識究竟是什麼

長期以來，科學家對意識研究的態度十分簡單，他們認為意識是無法科學解釋的，精神世界是難以言喻的主觀世界，客觀研究無能為力；或者認為思維只是大腦的行為，一旦能夠完整的描述大腦各種活動，一切自然不言自明，意識根本無須解釋。

然而由於大腦研究新技術帶來的希望，到了一九九〇年代，人們開始紛紛致力於大腦意識的研究了。

如今，意識研究有嚴肅派和不明確論派兩種。在嚴肅派看來，作為一種大腦活動過程，意識是是神經協調活動的產物。這也不無道理，不過，他們發現並非所有的神經活動都有意識，很多人類行為似乎是無意識的，或是出於下意識的習慣。因此，他們又開始尋找所謂的「意識的神經關聯（NCC）」，看看當資訊從意識的邊緣進入明亮的中心意識時，大腦會有什麼變化。

這也可以有效找到大腦的運轉機制。早期科學家發現，當神經元參與意識的形成時，它們傾向於同時凸起。當有「心事」時，大腦某些區域好像也會起作用，比如前額葉區必須要參與

活動。大腦中間的皺褶部分、被稱為前扣帶腦皮質的區域，似乎更加重要。

　　然而，在形成意識時神經活動不只是涉及了單一的活動機制，相反，它似乎與大腦的活動強度有關。如果大腦的活動在各種方面都得到加強，就會出現大量的神經突觸和前額葉活動，從而對某事物產生強烈的意識。NCC 的探索者潛意識裡認為意識活動區別於其他活動，仍希望能最終發現某種更加獨特的活動機制。但是，意識看上去越來越像是大腦的全部工作，是神經活動的核心任務。

　　除了 NCC 研究者，還有另外一群意識研究者。他們認為，意識這麼特殊，不可能僅是大量腦部活動的總和，還一定存在著某種獨特的法則來解釋這一切。

　　曾經就有人提出「泛心論」，在他們刊例，所有物質都有程度不一的「意志」──「原精神」，而大腦只是因為集中了足夠多的這種「意志」，才讓它突破臨界點的。還有人認為，意識可能是活躍的神經元產生的一種迴盪電磁場。但到這個陣營目前為止最流行的假說是：神祕的意識與某種神祕的量子力學直接相關。

　　目前也開始出現了第三種研究方法。它不是像通常的神經學或非比尋常的物理學機制從某種特殊機制層面來解釋意識，而是試圖把意識看作某種普遍的生物活動種類之一。例如：「自體型成」論就認為，意識是比較普遍的生物認知過程中的一種特

別強烈的形式。生命本身是一種認識世界並對世界做出反應的認知行為，因此意識也只是對一種基本生物原則的深入闡述。他們希望採用這種「分類」法最終能以一種普遍適用的準確模式來描述認知。這樣就能把所有不同認知形式輕鬆的聯繫起來。但是，這種研究目前還處於初級階段，在科學家看來，最終破解意識的謎題還遙遙無期。

相關連結 —— 人用的最多的是左腦

眾所周知，人的左手開發右腦，右手開發左腦。而大多數人習慣於使用右手，所以用的最多的自然就應該是左腦了。

另外，人的左腦的腦容量要遠遠低於右腦，而「左撇子」的大腦一般要比用右手的人發達。

人腦中的兩千億個腦細胞可儲存一千億條資訊，每小時思想就可以遊走一百五十多公里，擁有超過一百兆的交錯線路，平均每二十四小時就會產生四千多種思想。然而，人們僅僅運用了人類的大腦 —— 這世界上最精密、最靈敏的器官的不到百分之五，大腦待開發的潛力無窮的。

大腦可分為左腦、右腦兩半部分，而左右腦平分了腦部的所有構造。左腦與右腦形狀相近，但功能卻大不一樣。右腦支配左手、左腳、左耳等人體的左半身神經和感覺，而左腦支配右半身的神經和感覺。經實驗證實，右視野同左腦相連，而左視野同右腦相連。

　　語言中樞位於左腦，所以左腦是用語言來處理資訊的，用語言來表達收到、看到、聽到、觸到、聞到、嘗到的資訊。左腦和顯意識有著密切的關係，主要控制著知識、判斷、思考等。右腦的五感被稱為「本能的五感」，與潛意識有關，被包藏在右腦的底部，控制著自律神經和宇宙波動共振等。右腦是以圖片來處理收到的資訊的。通常人的都受到左腦理性會控制和壓抑右腦五感，因而它很難發揮其潛在本能。那些懂得靈活運用右腦的人，可聽音辨色，或聞到味道、浮現影像等，心理學上稱之為「共感」。這就是大腦有待開發的潛能之一。我們通常所說的靈感，其實就是只要右腦的思考力和記憶力結合起來，就能夠與不靠語言的前語言性純粹思考、圖片思考相連結，從而引發獨創性的構想。

　　一九八一年，諾貝爾醫學生理獎得主羅傑・斯佩里教授歸類整理了左右腦的功能差異。右腦為本能腦、潛意識腦，主要功能為：圖片化機能（創造力、企劃力、想像力），超高速大量記憶（速讀、記憶力），與宇宙共振共鳴機能（直覺力、靈感、第六感、念力、透視力、夢境等），超高速自動演算機能（數學、心算）。左腦為意識腦，其主要功能為：語言、知性、知識、理解、思考、推理、判斷、抑制，以及五感（視、聽、嗅、觸、味覺）。

生理時鐘是怎麼回事

　　每個人的身體裡都有「生理時鐘」。作為生物體內的一種無形的「時鐘」，生理時鐘又稱生理鐘。實際上，生理時鐘是由生物體內的時間結構序決定的，是生物體生命活動的內在規律性。

　　隨時間節律人體有著時、日、週、月、年等不同的週期性節律，例如人體的體溫在二十四小時內並不完全一樣，早上四點最低，十八點最高，相差一度多。當人體的正常生理節律發生改變時，往往是預示著疾病或危險，矯正節律則可以防治某些疾病。

　　科學家指出：如果我們安排一天、一週、一月、一年的作息制度時，能按照自己的心理、智力和體力活動的生物節律來，就可以提高工作效率和學業成績，減輕疲勞，預防疾病防止意外。反之，人就會在身體上感到疲勞，在精神上感到不舒適。

有趣的生理時鐘現象

　　許多生物都存在著有趣的生理時鐘現象。比如在非洲的密林裡，還有一種報時蟲，牠每過一小時就會變換一種顏色，在那裡生活的人們就把這種小蟲捉回家，透過看牠的變色以推算時間，稱為「蟲鐘」；在南美洲的瓜地馬拉有一種鳥，牠每過三十分鐘就會「嘰嘰喳喳」的叫上一陣子，而且誤差僅有十五秒，因此當地的居民就用牠們的叫聲來推算時間，稱為

「鳥鐘」。

在植物中也有類現象。南非有一種大葉樹的葉子每二小時就會翻動一次，當地居民因此將其稱為「活樹鐘」；在南美洲的阿根廷，有一種可以報時的野花，它們每到初夏晚上八點左右，就紛紛開放，被稱為「花鐘」。

不僅如此，微小的細菌也能知道時間。據美國《自然》雜誌上報導，某些單細胞生物體有著十分精確的生理時鐘。

人體生理時鐘

萬物之靈的人類同樣會受到生命節律的支配。那什麼是人體生理時鐘呢？

有人把人體內的生物節律形象的比喻為「隱性時鐘」。科學家的研究也證實，每個人從出生之日到生命終結，體內都存在著如體力、智力、情緒、血壓、經期等多種自然節律，這些自然節律人們稱為生物節律或生命節奏等。而人體內還存在著一種決定人們睡眠和覺醒的生物種，根據大腦的指令，生理時鐘可以調節人體全身各種器官使其以二十四小時為週期發揮作用。

科學家們早在十九世紀末就注意到了生物體的「生命節律」現象。二十世紀初，德科醫生威爾赫姆‧弗裡斯和一位奧地利心理學家赫爾曼‧斯瓦波達，長期臨床觀察後逐漸揭開了其中的奧祕。原來，在病人的病症、情感及行為的起伏中，有一個以二十三天為週期的體力盛衰和以二十八天為週期的情緒波動。

二十多年後，在研究了數百名高中和大學學生的考試成績

後，奧地利因斯布魯大學的阿爾弗雷特‧泰爾其爾教授，發現人的智力波動週期是三十三天。於是，科學家們根據人的體力、情緒與智力盛衰起伏的週期性節奏，繪製出了三條波浪形的人體生物節律曲線圖，並將其形象的稱為「一曲優美的生命重奏」。

到了二十世紀中葉，生物學家又創造了「生理時鐘」一詞，這是根據生物體存在週期性循環節律活動的事實。

據專家介紹，人類已經發現了十二個基因與生理時鐘相關，生理時鐘不但影響人的身心健康，而且可以幫助治療疾病。

人類生理時鐘一天慢十八分鐘

日本大學學家研究發現，人類的生理時鐘同時鐘並不是同步的。人類生理時鐘的週期是二十四小時十八分。而這種生理時鐘與時鐘差距在其他動物和植物身上更明顯，一些動物的生理時鐘週期是二十三至二十六小時，而植物是從二十二至二十八小時之間。

研究者認為，可以用達爾文的演化論來解釋這種現象。以鳥為例，如果它嚴格按照時鐘作息，那麼每天早上當它出來覓食時就會發現，早起的鳥兒才有蟲吃。所以它必須打亂自己的生理時鐘，早起覓食。嚴格守時的生物，會面臨最大的競爭壓力，最終趨於滅亡。

但是為什麼生理時鐘與時鐘的不同步不會累計起來最終打亂我們的生活規律，讓我們醒來得越來越晚呢？研究者稱，這

是因為光線可以影響人體內的激素濃度和體溫等，不斷來重新設定生理時鐘。

　　研究者利用電腦曾做過一個類比生理時鐘演化的實驗。實驗證明，那些對競爭最有利的生理時鐘週期的確是接近二十四小時，但又不是特別接近。

小知識 —— 利用生理時鐘，提高記憶力

　　人的記憶力一天當中究竟什麼時候最好呢？什麼時候才是最佳學習和工作時間呢？生理學家研究發發現，人的大腦在一天當中有一定的活動規律：

　　一點：由於是深夜，大多數人一般已睡了三至五小時，由入睡期－淺睡期－中等程度睡眠期－深睡期，此時進入有夢睡眠期，因此易醒或有夢，對痛特別敏感，此時容易加劇有些疾病。

　　二點：利用這段人體安靜的時間，肝臟仍然在繼續工作，它會加緊產生人體所需要的各種物質，並清除一些有害物質。此時，人體大部分器官處於休整狀態，工作節律都會放慢或停止工作。

　　三點：全身休息，肌肉完全放鬆。此時，人的血壓較低，脈搏和呼吸次數也較少。

　　四點：呼吸仍然很弱，血壓更低，腦部的供血量最少，肌肉處於最微弱的循環狀態，人也容易死亡。此時，人體全身器

官節律仍在放慢，但聽力很敏銳，容易被微小的動靜所驚醒。

五點：腎臟分泌少，人體已經歷了三至四個「睡眠週期」（無夢睡眠與有夢睡眠構成睡眠週期）。這時候醒來很快就能進入精神飽滿的狀態。

六至八點：此時，大腦開始進入第一次最佳記憶期。身體休息完畢並進入興奮狀態，肝臟已將體內的毒素全部排淨，頭腦清醒，大腦記憶力強。

八至九點：神經興奮性提高，心臟開始全面工作，記憶仍保持最佳狀態，精力旺盛，大腦具有嚴謹、周密的思考能力。此時，可以安排一些難度較大的工作或學習內容。

十至十一點：人體處於第一次最佳狀態，身心積極，熱情將持續到中午午餐。此時，內向性格者創造力最為旺盛，任何工作都能勝任。

十二點：此時，因為人體的全部精力都已被調動起來，需要進餐。人對酒精很敏感，午餐喝酒的話，會影響下午的精神狀態。

十三至十四點：白天第一階段的興奮期已過，精力消退，進入二十四小時週期中的第二低潮階段。午餐後，精神睏倦，此時，大腦反應比較遲緩，感到疲勞，最好午睡半小時。

十五至十六點：實驗表明，此時長期記憶效果非常好，可合理安排一些需「永久記憶」的內容記憶。工作能力逐漸恢復，是外向性格者分析和創造最旺盛的時刻，可以持續數小時。身

體重新改善，感覺器官尤其敏感，精神抖擻。

十七至十八點：實驗顯示，此時是完成比較消耗腦力作業和複雜計算的好時期。工作效率更高，體力活動的體力和耐力達一天中的最高峰時期。

十九至二十點：體內能量消耗，情緒不穩，應該適當休息。

二十至二十一點：大腦又開始活躍，反應迅速，記憶力尤其好，直到臨睡前為一天中最佳、最高效的記憶時期。

二十二至二十四點：睡意降臨，人體準備休息，細胞修復工作開始。

大家可以據此合理安排自己的學習和工作時間表，最佳學習和工作時間也因人而異。所以，要根據自己的實際情況掌握自己的「黃金時間」進行合理的安排，以便提高學習和工作效率。

睡眠時為何會做夢

人為什麼會做夢？夢有什麼意義？夢對人有什麼影響？……千百年來，占夢學家、心理學家以及神經生物學家，都一直為此苦苦求索，然而真正系統而比較準確的研究還是近現代的事。

對夢的探究

人類從十七世紀對做夢這件事開始進行較為嚴謹的科學研

究。西元一八八六年，夢學專家羅伯特經過研究認為：在一天的活動當中人所有意或無意的接觸到無數資訊，必須經過做夢釋放一部分，這就是著名的「做夢是為了忘記」的理論。這個理論在一百年後的一九八〇年代又開始重新流行。

在羅伯特以後不久，佛洛伊德又提出了心理學解夢理論。佛洛伊德認為，夢是一種願望的滿足，他在多種多樣的願望中，更為重視性的欲望。認為性慾是人的一種本能，而本能是一種需要，需要是要求滿足的，夢就是滿足的形式之一。佛洛伊德還認為，作為有意義的精神現象，夢是一種清醒的精神活動的延續。透過夢我們可以洞察到人們心靈的祕密。夢是無意識活動的表現，意識活動在人睡眠時減弱，對無意識的壓抑也隨之減弱，於是無意識乘機表現為夢境的種種活動。

而佛洛伊德的學生阿德勒則認為，做夢有目的性，夢是人類心靈創造活動的一部分，從對夢的期待中，人們可以看出夢的目的。夢與人類的生活息息相關。做夢時，每個人都好像有個在等待他去完成的工作，好像他必須在夢中努力追求優越感一樣。因此，夢必定也是生活樣式的產品，也一定有助於生活樣式的建造和加強。人在睡眠時和清醒時是同一個人，結合白天和夜裡兩個方面表現才能認識他完整的人格。

佛洛伊德的另一名學生榮格認為，夢是集體潛意識的表現。理解和分析夢的前提是重視潛意識，尤其是集體無意識，夢具有某種暗示性，夢所暗示的，屬於當下的事物。問題與衝

突的根源所在，通常是諸如婚姻或社會地位。夢暗示著某種可能的解釋。甚至有時夢還能指點迷津。

可以說，佛洛伊德、阿德勒和榮格對夢的心理機制、夢的成因以及夢的作用和意義等方面，都有自己獨到的見解和貢獻。

佛洛伊德的理論從二十世紀初一直流行到一九六○年代，後來世界上對夢的研究慢慢的離開心理學領域，進入生物學實驗室，做夢從此也被視為是一種生物現象。

生物學對夢的解析

作為法國里昂夢學實驗室的神經生物學家，蜜雪兒‧儒韋是夢學研究的國際知名專家，他於一九五九年把有夢定義為「反常睡眠」。儒韋透過腦電圖測試，發現人每隔九十分鐘就有五至二十分鐘的有夢睡眠，儀器螢幕上反映的不同訊號，也顯示了人在睡眠中大腦活動的變化。如果在腦電圖的電波上顯示無夢睡眠時把接受測試的人喚醒，他會說沒有任何夢境；如果在顯示有夢睡眠時喚醒他，他會記得剛剛做的夢。

他把老鼠有夢睡眠中發出的訊號碼進行比較，發現做夢是由遺傳基因決定的。相同親緣系統的老鼠有近似的訊號碼。後來美國科羅拉多大學研究員布林加的一項實驗證實了這一理論。對同卵雙胞胎進行了研究後，布林加發現出生後被不同地方的兩個不同家庭分別撫養大的雙胞胎，做夢經驗竟然很是相似。由此也可以證明，人的夢境表現是遺傳記憶。

此外，透過 X 光斷層攝影儀測試，研究人員還發現人的大

腦在有夢睡眠階段的圖片接近於清醒時的圖片。有趣的是，研究人員用儀器進行測試還發現，做夢並非人類的專利，鳥類和所有的哺乳類動物也都會做夢。

一九七〇年代末，透過對老鼠進行實驗，一位科學家發現有夢睡眠還與大腦的記憶有關，與被剝奪有夢睡眠的老鼠相比，做夢的老鼠更能記住經驗。但是，這一研究結果並不適用於人類，因為在對精神沮喪病人進行治療時，醫生會用一種叫做單一氨氧化酶的抑制劑。這種藥會完全取消人的有夢睡眠，但卻不會引起人腦的記憶紊亂。

另外，從生理機制方面，世界著名生理學家巴夫洛夫也解釋了人為什麼做夢。他認為，夢是睡眠時的腦的一種興奮活動，睡眠是一種負誘導現象。大腦皮層興奮過程引起了它的對立面 —— 抑制過程，在大腦皮層中抑制過程廣泛擴散並抑制了皮層下中樞，人便進入了睡眠狀態。人的大腦皮層進入睡眠後，就會出現彌漫性抑制，也就是抑制過程像水波一樣擴展。人在熟睡時，彌漫性抑制占據大腦皮層的整個區域以及皮層更深部分後，這時是不會做夢的，強大的抑制過程所淹沒了心理活動。當淺睡時，我們大腦皮層的抑制程度較弱且不均衡，這便為做夢提供了條件。

還可以幫助科學家可以利用發達的現代科學來分析夢的奧祕。有的科學家認為：夢是快速眼球運動「意像」集合，在快速眼球運動睡眠（REN）中會產生夢境，此時腦電波振幅低、頻

率快，呼吸和心跳不規則，周身肌肉張力下降。當這時候叫醒睡眠者，他會說正在做夢中。如果做夢者被不斷的打斷夢境，就會變得情緒低落、精神不集中，甚至暴躁和性急。

當然，心理學家和生理學家對夢的解釋和研究有些解釋還欠妥和過於簡單，也並非完全正確。但可以相信，心理學和生理學的發展，會使當代和未來的心理學和生理學家們對夢做出更準確、更完善的解釋。

噩夢是疾病的預兆

古希臘哲學家、科學家亞里斯多德認為，夢可以用來診斷疾病。他曾斷言，人可以透過夢得到患病的訊號，甚至還可以治好它。現在的研究已經從多方面證實了這個假設。

在夢進行了大量實驗研究後，有關科學家就指出：由於白天人處於醒覺狀態，疾病的微弱刺激被外界的刺激掩蓋了。而到了晚上，由於外界進入人體的資訊減少，腦中有關部位就可以不斷收到來自病變部位的微弱訊號與微弱資訊，導致噩夢纏綿。因此，經常性重複出現的噩夢往往是疾病的訊號，它們預示我們身體可能存在某些疾病。

古代醫書《靈樞·淫邪發夢篇》曾詳細論述過夢境與臟腑虛實的關係。國外醫學家也會透過對分析夢來預報某些人體疾病及其發生部位。據說疾病導致人體組織內生化的改變，會破壞體內血清促進素的平衡，這種白天大腦無暇顧及的疾病初起的微弱資訊，在睡夢中都能反映出來。因此，同一個情景反覆出

現的夢，稱為「預兆夢」。

比如：患有高熱病，可能會經常夢見自己騰雲駕霧；患有心血管疾病，會經常夢見自己從高處跌下來，但始終落不到地面上；經常夢見自己被關進黑色的籠子或箱子內，氣喘不來，表明可能患有呼吸道疾病；冠心病及心臟病患者，往往夢到被追逐，心中恐懼卻無法喊叫出聲，結果會突然驚醒；經常夢見自己在行走時，背後突然被人刺了一刀或踢了一腳，可能是患有泌尿系統疾病，尤其是患泌尿道結石；常夢見自己身負千斤重擔登山，表明可能是胸腔積液，或患上肺炎、肺結核等疾病；經常夢見自己進食腐魚爛蝦，通常是胃腸疾患的徵兆；經常夢見自己與人發生口角，甚至夢囈中出現罵聲或呼叫聲，表示可能患有寄生蟲病；經常夢見自己頭部被人用利器戳擊或被悶棍打擊，可能已患有腦部腫瘤；經常夢見蜘蛛、毒蛇等纏身，可能是皮膚將起皰疹；婦女常夢見小孩將她的乳房咬得疼痛無比，表示有可能患了乳房疾病；夢見肚子被蛇咬，可能患了潰瘍病等等。如果發生了此類情況，最好到醫院進行必要的檢查。有病治病，無病預防。

有相關調查結果顯示，噩夢也可預示疾病的轉化。如果疾病正逐漸加重，患者就常在夢中被人追殺，雖竭盡全力搏鬥拼殺，終免不了被殺被逮或跌落深淵。也有的在夢中為了躲避追殺東躲西藏，遠走高飛，但最終仍被發現或逮住，以至患者總是從夢中驚醒，心跳加劇；如患者在夢中總是英勇無比，最終

大獲全勝，則疾病好轉趨向痊癒。

綜上所述，我們可以看出噩夢的確有預示疾病的可能。不過這種預示作用的確不足，它缺乏統一規範的應用象徵物，準確性也不好，而且在數量上都有不同程度的放大。而且，至今還沒人能夠完全根據夢境來診斷疾病。因此，噩夢對疾病的預示只能稱得上是一種提示，並為醫生提供一些參考，而不能作為判斷疾病的準確證據。

相關連結 —— 睡覺時為何會流口水？

很多人都以為睡覺流口水是因為夢見吃東西，其實不然。在正常情況下，人睡著後並不會流口水。如果經常出現這樣的現象，可能是某些疾病使然。

睡覺時流口水，首先應該考慮睡姿是否恰當，因為有些姿勢比較容易引起流口水的現象。如側臥、趴睡等。但若長期如此，就可能是因某些身體疾病所致。一般來說，睡覺時流口水的原因有以下幾種：

一、口腔衛生不良。這種情況很容易使人在睡覺時不自覺的流口水。由於口腔裡的溫度以及濕度非常適合細菌繁殖，牙縫和牙面上食物殘渣、糖類物質的積存，容易引發齲齒、牙周病等口腔疾病，這些炎症又會促進唾液的分泌。所以，如果口腔被細菌感染，引起疼痛，就容易流口水。在這種情況下就需要透過局部用藥的方法來促進潰瘍癒合。一旦潰瘍癒合，流口

水的情形就會自動消失。

二、門牙畸形。這是導致人睡覺時流口水的另一個原因。牙齒畸形者，尤其是凸面型牙齒畸形患者，門牙明顯向前凸出，經常開唇露齒，睡覺時唇部也難以完全覆蓋前牙面，上下唇常自然分開，這樣也很容易流口水。治療這類症狀的最好辦法就是盡快矯正牙齒。

三、神經調節障礙。神經調節失常也會使人在睡覺時流口水。因為人體唾液分泌的調節完全是神經反射的結果，「望梅止渴」就是指日常生活中條件反射性唾液分泌最典型的一個例子。所以，一些患有神經官能症，或者其他可能引起自律神經紊亂的全身疾病的患者，睡覺時都可能出現副交感神經異常興奮的情況，使大腦發出錯誤的訊號，從而引起唾液分泌量增加。

除了上面幾種情況，藥物因素也可能導致睡覺時流口水的現象。某些抗癲癇類藥物的副作用之一就是引發睡覺時流口水的情況。所以我們在選擇藥物時也需要謹慎，盡量不要選用可能產生副作用的藥物。

人體輝光現象

古典神話小說《封神榜》中描繪了眾多神采各異的神仙，他們有一個共同的特點：頭上都有奇妙的光環。無獨有偶，在早期的西方，基督徒也將他們神聖的始祖 —— 耶穌用美麗的光環來圍繞。這種光環在其他一些國家的古老宗教圖畫中也能看到。

這些聖人們的身體周圍真的有一層光暈嗎？我們不得而知。但是到了近代，卻屢屢有人發現「凡夫俗子」身上也會出現發光的現象！

令人驚訝的人體發光現象

早在西元一六六九年，丹麥著名醫生巴爾甯就曾報導過這樣一個驚人的消息：一名義大利婦女的皮膚竟然可以發出鮮豔的光芒！而在十八世紀，英國科學家普利斯裡也記載了類似的趣聞，他發現一名甲狀腺疾病患者的汗水會發光：在黑暗中，這個人身上被汗水浸透的襯衫如同被神奇的火焰籠罩著一樣，發出熠熠光輝！

在一百多年前的《英國技師》雜誌上，也記述了一名美國婦女腳趾發光的事例。有一天，這位婦女在入睡前突然發現自己右腳四趾的上半截竟會發光，同時還發出一種難聞的氣味。她甚至嘗試用肥皂來洗腳，但都不能使腳趾發出的光和味道消失。

一九三四年五月，英國一名婦女在睡覺前發現自己的胸部發出肉眼可辨的淡藍色光亮。

整個人體發光現象最早是在一九一一年被發現的，當時英國一名醫生用雙花青染料塗刷玻璃窗時，以外地發現了環繞在人體周圍寬約十五毫米的發光邊緣。那天，醫院的理療暗室裡一片漆黑，這名醫生正透過雙花青素染料刷過的玻璃窗觀察病人的治療情況。突然，一個奇異的現象發生了：被觀察者——那個裸體病人的體表竟然發出了一圈十五毫米厚的光暈，而且

光暈的色彩鮮豔瑰麗，若隱若現，好像雲霧飄渺，又似氣體凝聚，非常神祕莫測。

一九八〇年代後，日本、美國等發達國家先後使用高科技儀器對人體發光現象進行過研究，試圖探究個中祕密。「日本新技術開發事業團」就曾採用具有世界上最高敏感度的、用於檢測微弱光的光電子倍增管和顯像裝置，成功實現了對人體發光顯現的圖片顯示，並把這種輝光命名為「人體生物光」。

人體輝光實驗

令人稱奇的是，科學家在研究「人體輝光」的照片時發現，照片中人體的閃光處恰好與古代針灸圖上的針灸穴位相吻合，而且每個人都有自己獨特的輝光樣式。

另外，美國科學家的研究還表明，輝光在人體產生疾病前，輝光圖片會變得模糊，如同受到雲霧干擾的「日冕」一樣；而在人體癌細胞生長時，輝光則會變化成片雲狀。

蘇聯研究人員曾對酗酒者進行過「人體輝光」的追蹤拍攝。他們發現，飲酒者在剛端起酒杯時，環繞在指尖的輝光清晰而明亮；但在飲酒數杯之後，光暈慢慢變成了蒼白色，同時光圈也開始無力的閃爍著向內收縮，變得黯淡失色。

他們還對吸菸者做了類似的實驗：一天只吸數支菸的人，人體的輝光基本上呈正常狀態；而當吸菸量逐步增大時，輝光便開始跳動，開始變得不調和；如果是菸癮特別大的人，輝光甚至會脫離與指尖的接壤，開始偏離中心。

　　一九八〇年以後，美、日等國的科學家在對人體輝光的研究中大量使用了高科技性光圈向後縮。研究發現，男女雙方彼此的輝光在擁抱接吻時會變得格外明亮。還有一個同樣有趣的發現，當單相思的人與自己喜歡的人在一起時，兩人的輝光會呈現一暗一亮、一弱一強的對比現象。據此科學家們得出這樣的結論：利用人體輝光的這種特性，可以來檢測戀人是否真心相愛或能否組成幸福的家庭。

　　研究還發現，隨著人的行為意向、思維方式發生改變，人體輝光也會出現相對的變化；例如：如果某人產生了用刀子去捅死另一個人的想法時，心懷惡意的這個人的指尖會有紅色的輝光出現；與此同時，有預感的受害者的指尖則會出現橘紅色的光團，光團還會變成象徵痛苦的彎曲狀，同時身上產生藍白色的輝光。而當一個犯人說謊時，他的身上則會出現各色交替閃耀的輝光。

人體輝光的特徵

　　科學家還透過研究發現，凡是有生命的生物體周圍都有以一定節奏脈動著的彩色光環和光點。比如對人而言，有關實驗就表明，人體輝光的顏色和形狀會隨著人體的健康狀況、生理和心理活動的變化而變化。通常來說，青壯年的光量要比老人和嬰兒的更明亮；身體健壯的人的光量要比身體羸弱的人的更明亮；運動員的要比一般人的明亮。而同一個人不同部位光量的亮度也不一樣，比如手和腳的光量亮度較大，而胳膊、腿和

軀幹的亮度相對的就要小一些。

　　人體的這種神祕的輝光應該是在特殊外界環境的刺激下發出的，屬於「被動發光」。那麼人體會不會「主動發光」呢？回答是肯定的。不過，人體的主動發光只能產生一種超微弱的冷光，據測定，它的能量非常微弱 —— 這種超微弱冷光，僅僅相當於兩百公里外一顆一瓦特燈泡散射出的光芒。所以這種光以肉眼難以辨認，只能透過特殊儀器才能觀測得到。也正因為如此，千百年來人們對自己身體能夠產生神奇光芒的祕密一直渾然不覺。

　　不過現在我們終於知道，每個人自呱呱墜地到離開人世，他的身體自始至終都在發散著這種超微弱的冷光，而這種光也會隨人年齡的不斷成長而成長、健康狀況的好壞變化以及飢餓、睡眠等生理狀態的變化而產生相對的改變。一般來說，正常人身體兩側的超微弱冷光應該是對稱的，但是如果身體感染了疾病，冷光就會失去平衡。因此，研究冷光的這種特性也成為了人們探索生命奧祕的一種重要手段。

　　研究表明，一般人的身體發出的輝光只有二十毫米左右，在正常環境條件下很難用肉眼觀測到。不過，經常練功的人，特別是功底較深的人，身體就能發出很強的輝光。功力達到一定程度時，輝光在黑暗處就可顯現為可見光，用肉眼也可以看到。許多練功的人，特別是一些功底深厚的氣功大師，在進入氣功態時，常從百會、勞宮、印堂等多處穴位發出一種常人看

不見的輝光，甚至在頭頂出現一些光環、光柱，身體周圍也會產生一個光環，功力越高，光環的亮度越大。

輝光來自哪裡

透過以上敘述我們已經知道，有生命的人體可以發出一定強度的輝光。那麼，這種輝光究竟事從哪裡發出來的呢？關於這個問題的答案，科學家們至今還在不斷探求。

有科學家認為，人體發光僅僅屬於正常的螢光現象。原因是這些能發出輝光的人的血液裡含有特別強的有絲分裂射線，這種射線可以激發體內的某種物質，於是便使身體產生了螢光現象；還有的科學家認為，人體輝光的產生是體表的某種物質的射線與空氣中光線複合的結果；也有科學家提出，輝光的產生是人體鹽分、水氣以及人體高頻電場的綜合作用。當然也有人認為，一個虔誠的信徒全神貫注在宗教信仰之中的時候，他的神經系統會高度興奮，皮膚因此發出光來；另有觀點認為，人體的光導系統或經絡系統的外在顯現是輝光產生的原因所在。而在心靈學家看來，輝光純粹是人靈魂不死的精神顯現，這顯然是一種具有迷信色彩的解釋。

總之，無論哪種解釋，都缺少足夠的科學依據來證明。至於為什麼只有少數人才能發出可見光來，目前更是一個不解之謎。

奇聞軼事 —— 不同輝光代表的含義

在西方，人們對不同色澤的人體光輝所代表的含義還進行了系統的研究。

紅色彩光：欲望，活力，威力，贏的渴望，成功，高峰的經驗，行動，運動的熱愛，掙扎，競爭，意志力，領導力，力量，勇氣，熱情，性亢奮，現實，務實，占有欲，冒險性，求生本能。大多數年輕的孩子以及青春期的孩子，尤其是男孩，具有明亮的紅色輝光。

綠色彩光：堅持，忍耐，不屈不撓，固執，有耐心，服務心，奉獻心，有責任感，賦予工作和事業高度的價值，對崇高的理想和個人成就具有極大的企圖心，具有專注和適應的能力。通常來說，綠色彩光代表學習成長，父母，社工人員，諮詢師，是屬於心理學家及專注於為世界帶來正面改變的人。

橙色彩光：創造力，情緒，自信，人際關係，友情，社交，人群互動等能力。許多行銷人員、企業家和從事公共關係的成功人士，都屬於橙色。

黃色彩光：陽光，熱情，開朗，幽默，樂觀進取，有知識，開放，溫暖，輕鬆，快樂，具有組織能力，充滿希望和靈感，願意支持鼓勵他人，同時還具有化繁為簡的能力。

藍色彩光：深度的感覺，奉獻，忠誠，信任，渴望溝通，重視人際關係，喜歡夢想或藝術，以他人的需要為先，常常深思冥想，活在當下，敏感，直覺，內斂，獨處，渴望和平寧

靜和親切的人際關係。藍色彩光的人會是藝術家、詩人、音樂家、哲學家、好學生以及心靈追求者，喜歡尋求生命真理的正義和美的事物。

紫色彩光：魔術，原創，超越，擁有超感能力，特殊個性和魅力，實現夢想的能力，轉化能量為物質的能力，帶來歡樂，和高度意識連結，輕鬆幽默，包容，敏感，慈悲柔軟，活在自己所營造的夢想世界。

白色彩光：心靈導向，對宇宙神性開放而接納，超然於世俗瑣事，內在的感悟，宇宙的智慧。年輕的孩子、能量工作者以及經常深思冥想者，多是屬於白色彩光。

當然，西方的學者對人體輝光的這些演繹是否正確，或許已從科學研究的初衷逐漸演變為一種形上學的宿命學模式，還有待以後慢慢分解。

認識人體的潛力

大量事實證明，人體有著巨大的潛力，而且每個人都可以發揮出來。比如人在危急關頭，往往就能充分發揮出體內的潛在能力。

有一位飛行員由於飛機故障迫降了，而當他在地面察看飛機起落架時，突然有頭白熊抓住了他的肩。情急之下，飛行員竟然一下子跳上了離地面兩公尺的機翼。更不可思議的是，他當時竟然還是穿著笨拙的皮鞋、沉重的大衣和肥大的褲子！

還有一位五十多歲的婦女，在著火時，抱起一個比她還要重的裝有貴重物品的櫃子，從十樓一口氣搬到了一樓的地上。等到大火被撲滅後，她卻無論如何也搬不動那個櫃子了。

醫學家認為，人體許多器官其實都有著巨大的潛力，一旦器官的一部分損壞了，另外的部分就會取而代之，繼續維持正常的功能，因此才能維持生命的繼續。

身體器官驚人的潛力

正常情況下，安靜時人心臟每分鐘輸出的血量為五千毫升左右。一旦得了某些疾病，輸血量可能會減少到每分鐘輸出一千五百毫升，但仍能維持生命。如果參加劇烈運動，心跳加速跳動，每分鐘輸出的血液可達兩萬毫升以上。由此可見心臟的潛力是多麼巨大。

人體內到處都遍布著的微血管總長度占全身血管長度的百分之九十以上。如今已知道，人在正常情況下，只有百分之二十至百分之二十五的微血管是開放著的，大多數微血管都處於休息狀態。而當人體劇烈運動時，為滿足人體的活動需要，微血管就會全部開放。

人主要是靠肺進行呼吸的。我們可以在顯微鏡下看到人體肺內部有許多小「氣球」，這就是肺泡。據估計，一個成年人有三至四億個肺泡。如把它們一個個攤開後，可以達到一百平方公尺。而肺部發達的人肺泡總數可多達七億五千萬，總面積達一百三十平方公尺。通常這些肺泡是輪流工作的。測試後發

現，在安靜的情況下，人的肺泡每分鐘通氣量是四千兩百毫升左右；患上某些疾病後，每分鐘會減至一千兩百毫升，但仍能維持幾小時的生命。劇烈運動時，每分鐘的通氣量可高達十二萬毫升，比安靜時要高出近三十倍。可見，即使因病切除一側肺後，單靠另一側的肺也能滿足人體正常的生理需要。

消化道的潛力也相當驚人。小腸捲纏盤繞，是最長的器官，長五至八公尺。小腸內壁有皺褶，還有類似天鵝絨的絨毛，這能使腸表面積增加六百倍，大大提高消化和吸收能力。據報導，一位奧地利海員因病切除了腸道的十七分之十五，而剩下的十七分之二的腸道，仍能做到消化和吸收的重擔。

腎臟是製造尿液的器官，製尿部位是由許多腎單位組成的。一個腎臟大約有一百多萬個腎單位。通常每個人都有兩個腎，左右各一個。不過你可能想不到的是，每五百五十人中就有一個屬於單腎人，但他們大都能正常生活。有些醫學家認為，只要有百分之三十至百分之四十的腎單位工作正常，人就可以正常生活和工作。

前蘇聯衛國戰爭時有一位男子腰部中彈負傷，不久傷口痊癒。幾十年來，他除了有時腰部有點疼痛，一直很健康。一次，他因腰痛發作被送進醫院，醫生在他的右側腎臟裡發現了那顆子彈。子彈取出後，他又跟正常人一樣了。能帶著腎臟裡的子彈生活四十年，的確很不可思議。

大腦的驚人潛力

大腦的潛力更是驚人。一九二六年，前蘇聯成立了專門研究列寧腦的研究所。此後，基洛夫、加里寧、馬雅可夫斯基、巴夫洛夫、愛因斯坦和史達林等傑出人物的大腦，都先後被送到這裡進行研究。研究結果表明，人的腦大約有一千億個神經細胞，其中組成大腦皮質的細胞就有一百四十億個。據研究，在短短在一秒鐘內，大腦就會發生十萬多種不同的化學反應。在這些星羅棋布的神經細胞中，每一個都與其他一萬多個細胞保持著聯繫。難怪大腦僅占人體重量的百分之二，卻要消耗人體百分之二十五的氧氣和百分之二十的營養物質呢！

在一些腦科學家看來，人的大腦細胞只開發了百分之十以下。即便人處於高度緊張和興奮狀態時，也有大約百分之五十的腦細胞處於休眠狀態。因此，前蘇聯學者葉夫莫雷夫指出，人的潛力十分驚人。如果人們迫使大腦開足百分之五十的馬力，那麼將學會四十種語言，把《蘇聯大百科全書》完全背下來，完成幾十個大學課程，都不是什麼困難的事。由此不難發現，發掘大腦潛能研究的前景將是何等重要。

其實，人體潛力在戰勝困難、適應環境、恢復健康等各方面來說，都非常重要的。而增強人體潛力的重要方法是加強身心鍛鍊。經常鍛鍊的人，心肺潛力要比長期不鍛鍊的人大得多；經常用腦的話，記憶力和判斷力也會大為提高。

所以，我們要善於發現自己的潛力，善於挖掘自己的潛

力。事實上，很多病入膏肓的人都沒有被疾病嚇倒，面對現實時，保持著樂觀精神，求生意志頑強。於是他們體內的各種抗病潛力也會被挖掘出來，結果創造了醫學史上的奇蹟。其實儘管我們不知道它的所有潛力，但人的身體就是一台神奇的機器，我們可以不停的找到新的方法來挑戰各種極限。

延伸閱讀 —— 人類的生理極限

科學實驗證實，人類透過鍛鍊，挖掘人體的潛力，許多遺傳性的弱點都可以克服，從而挑戰生理極限。

心跳停止極限：大約四小時

曾有這樣一件事：一九八七年，有一位名叫揚‧埃伊爾‧雷夫斯塔爾的挪威漁民，在貝根附近水域落入冰水中。被救起送到醫院時，體溫已降到二十四度，心跳也已停止。但是當接上人工心肺機後，他又奇蹟般的恢復了心跳。

醫學理論認為，一般情況下，心跳停止四分鐘後，人體可能由於腦部缺氧缺血而死亡。

心跳極限：一分鐘兩百二十次

這是指心臟運動的極限，即計算人體最大心率的公式，也是目前為止科學發現的心臟能夠工作心跳次數的最大極限。一旦超過這個數值，就不能繼續完成正常的搏血功能。而且即使參加體育鍛鍊，檢測和評估鍛鍊效果後你也會發現，是不可能超越這個極限的。

環境溫度極限：約一百一十六度

科學家曾做過實驗來檢測人體在乾燥的空氣環境中所能忍受的最高溫度，結果表明：人體能在七十一度環境中堅持整整一個小時；在八十二度時，只能堅持四十九分鐘；在九十三度時更少，能堅持三十三分鐘；而在一百零四度時，僅僅能堅持二十六分鐘。但根據有關文獻，人體似乎能忍受更高的極限溫度。

人的記憶力能否增強

記憶，就是過去的經驗在人腦中的反映。它包括識記、保持、再現和回憶四個基本過程，其形式有形象記憶、概念記憶、邏輯記憶、情緒記憶、運動記憶等。

人的記憶力狀況

每個人的記憶力狀況是存在差異的。人的大腦在有一定的活動規律，一般來說，在一天

當中，上午八點左右大腦的思考能力最為嚴謹、周密，下午三點左右思考能力最為敏捷，晚上八點左右則有著一天中最強的記憶力，而推理能力則在白天十二小時內都是慢慢減弱的。依據這些規律，我們早晨剛起床後，想像力較豐富，應利用這段時間捕捉靈感，進行一些構思工作；一些嚴謹的工作可選擇上午做，把注意力集中起來，能夠提高效率；下午可以從

事一些與寫作相關的工作，或者為第二天的工作做一些準備。中午和傍晚的間隙時間，可以做一些不費力的事務性工作，如收集寫作素材，散步或者休息等。

記憶的三個階段

簡單來說，記憶可以分為三個階段。

第一階段叫做編碼階段。如同將資訊輸入電腦一樣，資訊進入大腦也要經過編碼。如果沒經過編碼，資訊就無法被保存起來。這個階段和我們平時的注意關係特別大。生活中，我們有很多資訊回想不起來，有些問題就可能出現編碼階段。我們經常視若無睹一些事情，不經過仔細觀察，我們以為我們記得，但事實卻是那些資訊被忘光了。

例如：儘管我們每天都使用鈔票，但是我們卻無法馬上描述出鈔票上的圖案。這是因為，雖然我們看到了這些圖案，但並沒有主動的去注意它們，也就沒有對有關資訊進行必要的編碼，自然也就無法回憶了。

第二階段稱為短期記憶階段。在這個階段裡，記憶保留的時間非常短暫，一般只有幾秒到十幾秒鐘。比如我們查到了想要的電話號碼，記在腦子裡，到那時當我們要撥號時，卻又想不起來了。如何測試短期記憶呢？方法很簡單：可以讓一個人說出四個毫無相關的數位或英文字母，然後立刻把它們複述出來，接著逐步增加數量，看最多能記住幾個。普通人都能記住五至七個數字或字母。因此，短期記憶的容量是有限的。不

過，短期記憶可以成為長期記憶的基礎，反覆練習短期記憶，長期記憶也可以得到鍛鍊。而如果在記憶尚未消失前，繼續加以練習，那麼短期記憶就可以轉化為長期記憶，也就是我們說記憶的第三個階段。

第三個階段就是長期記憶了，也被稱為永久記憶，它是一種保留時間非常長的記憶。

由此可以知道，如果我們感到記憶力不是很好，並不一定是別人的腦子比我們更聰明，也有可能是我們沒有處理好上述的三個記憶階段。如果記憶的這三個階段得到了改善，我們的記憶力就有可能提高。

怎樣人為的提高記憶力

記憶力除了會受遺傳因素的影響外，也可以用一些方法來增強，比如：

第一，集中注意力。如果在記憶時聚精會神、專心致志，排除雜念和外界干擾，大腦皮層就會留下深刻的記憶痕跡。如果精神渙散，三心二意，記憶的效率就會大大的降低。

第二，培養對事物濃厚的興趣。如果對所要做的事情沒有興趣，即使花的時間很多，我們還是難以記住資訊。

第三，適當增強理解記憶能力。記憶的基礎是理解。只有被我們理解了的東西才能記得牢、記得久。僅僅透過死記硬背是很難記住資訊的。一些重要的學習內容，如果我們能做到理解與背誦相結合，記憶效果會更好。

第四，運用多種記憶手段。根據情況，靈活使用分類記憶、諧音記憶、特點記憶、圖表記憶、爭論自憶、趣味記憶、聯想記憶、縮短記憶及編提綱、做筆記、卡片等記憶方法，都可增強記憶力。

第五，把握最佳的記憶時間來記憶。通常情況下，上午九至十一點，下午三至四點時，晚上七至十點，都是比較好的記憶時間。把難記的學習資料在上述時間中記憶，效果會更好。

第六，科學用腦。保證大腦的營養、適當休息、進行體育鍛鍊等方式來保養大腦是前提，還要科學用腦，防止疲勞過度，保持積極樂觀的心態，都能很好的提高大腦的工作效率。這是提高記憶力的關鍵。

第七，多吃一些有助於增強記憶力的食物。比如：核桃可以養腦，補充精力；葡萄汁可以幫助人們在短期內提高記憶力；野生的藍莓果富含抗氧化物質，可以清除體內雜質。

此外，長期的實踐也證明，長期堅持下午茶、增加咀嚼食物的次數、早餐吃燕麥粥等方法，也能較有效的增強記憶力。

新知博覽 —— 人的頭顱可以移植嗎

頭顱移植手術長久以來被人類視為神經外科的最高境界。從理論上，透過移植，人是可以長生不死的。但是，在現行醫學技術條件下，頭顱移植手術能否取得成功，很重要的就是如何在移植頭顱時保證大腦有足夠的氧氣和血液供應，其次才是

神經怎樣吻合產生支配功能。

　　研究了二十多年後，科學家證實頭顱移植在理論上是可行的。日本明治大學曾在二〇〇〇年嘗試將幼鼠頭顱在十九度頭腦代謝停止的狀態下，將其移植到成年大鼠的腿部，幼鼠的頸動脈、頸靜脈與成年大鼠的股動脈、股靜脈吻合。結果發現，幼鼠的腦發育良好，海馬區神經纖維生長也正常。但是，低溫移植是頭顱移植的關鍵，在常溫下照組幼鼠大腦的發育會完全消失。

　　同樣的手術能不能應用在人身上呢？因人的動脈較粗，肌肉也較大，醫生把切除下的頭顱重新接上需用較長時間，此時因長時間缺氧腦部可能會腐壞細胞組織。針對這一問題，一些科學家發明了血液冷凍法，透過把頭顱溫度降到十度，就能保證腦部在暫無血液供應的一小時內不會出現問題。如果能變為現實，對那些患過頭顱疾損後遺留下的健康身軀進行頭顱移植，從而獲得長生，那真是醫學史上的一個奇蹟。

左右手的奧祕

　　動物身上手腳雖然沒有什麼明確的分工，但觀察發現，它們使用左前肢和右前肢的概率大致相同，不管它是低等動物還是靈長類動物。但是人類作為萬物之靈，雖然雙手靈巧，但左手與右手的使用頻率卻極不一樣。習慣使用左手的人僅占百分之六至百分之十二，大多數人都習慣於使用右手，為什麼比例

會有如此懸殊呢？

對此，有人試圖從各個角度來解釋大多數人為什麼都習慣使用右手這個問題：比如左右腦的不同功能，即做與想的密切關係，以及心臟的位置等，但均沒有獲得圓滿的答案。

對左右手的探究

瑞士科學家依爾文博士曾提出這樣一個假說，那就是在人類祖先遠古時代習慣使用左手和習慣使用右手的人基本是一樣的，只是不能認識周圍的植物導致了對其中有毒的部分的誤食，習慣使用左手的人因此減弱了對植物毒素的忍受力，植物毒素會嚴重影響中樞神經系統，導致難以繼續生存。而具有頑強耐受力的習慣使用右手的人最終在自然界中生存下來，並代代相傳。

透過實驗，美國科學家彼得‧歐文也證實了依爾文的假說。他挑選了八十八名實驗對象，有十二名是左撇子，對這些實驗對象使用神經鎮靜藥物後，再進行腦照相及腦電圖觀察。結果發現：與右撇子者不同，幾乎所有的左撇子都表現出極強烈的大腦反應，比如說神經遲滯和學習功能紊亂，甚至有的看上去就像癲癇病發作。

根據上面的假說和實驗可以得出這樣的結論：左撇子少是人類歷史初期自然淘汰的結果，他們是人類中的弱者。

然而事實上，我們生活中的左撇子聰穎智慧、才思敏捷的大有人在，這不符合達爾文的結論。尤其是在一些職業中需要

想像力和空間距離感，左撇子能表現出優勢。據調查，美國的一所建築學院中，近三分之一的教授都是左撇子，在準備應考博士或碩士學位的優秀學生中，左撇子也占百分之二十三。還有，世界上最佳網球手的前四名中有三名都是左撇子；而乒乓球隊、羽毛球隊、擊劍隊中的左撇子選手，也都相當多。

現代解剖學對於這兩種矛盾的現象做出了一種解釋：人的大腦左右兩半球分工不同。主要負責推理、邏輯和語言的是左半球；而右半球則負責感情、想像力和空間距離等，注重幾何形狀的感覺，具有直接對視覺訊號進行判斷的能力。因此，「看東西」時與右撇子從大腦到進行動作走的神經反應路線（「大腦右半球─大腦左半球─右手」）不同，左撇子走的卻是「大腦右半球─左手」路線。由此可見，在動作敏捷性方面左撇子者比右撇子者顯然占有優勢。根據這種觀點來看，左撇子反而又是生活中的強者了。

究竟以上兩種觀點誰才是正確的呢？左右手真正的奧祕是什麼？這可能還需要進一步探索、比較和分析，才能得到令人滿意的答案。

左撇子是遺傳的嗎

慣用手從現象上說是一種人的本能。不管採取什麼強行糾正的辦法，在任何社會形態下，雖然左撇子可能可以非常熟練的使用右手，但其對左手的偏愛本性卻不能改變。一個例子非常明顯，現實生活中，多少家長採取各種方式比如體罰、捆

綁、戴手套等限制左撇子孩子繼續使用左手，然而都只能在幾種有限的用手活動上取得成功。一旦孩子重獲自由，又會本能的使用左手。

統計學調查顯示，子女是左撇子的機率在雙親都是左撇子的家庭是百分之五十；而如果家庭中雙親都是右撇子，子女是左撇子的機率僅有百分之二。另一個證據是，在某些家族中左撇子的比例明顯高於一般家族，這說明用手的偏愛的確與遺傳有關。蘇格蘭人有個家族幾百年來都以其左撇子眾多而聞名。他們建立的城堡樓梯都是反時針旋轉，以適應家族中左撇子戰士守城。左撇子在這個家族中成了大多數，而右撇子反而成了小眾。

有人曾用顯性基因和隱性基因來解釋左右撇子的形成。結果顯示，右撇子的基因是顯性的，而左撇子的基因是隱性的。左撇子隱性基因的特性只有在特殊的基因配對中才得以顯示，所以左撇子在總人口中就成了少數。

也有研究報導，一個人習慣使用左手或右手，是由單一基因決定，目前醫學家也正在努力找出這個基因。有人在對一百對左撇子夫婦及其父母、子女研究後發現，從父、母或雙親遺傳到這個基因的，天生就慣用右手；沒有這個基因的，則有兩種可能。百分之八十二的人因為至少有一個這種基因所以成為右撇子；而百分之十八的人因為沒有這個基因，一半成為慣用右手者，另一半或是慣用左手，或是兩手都善用。這一研究也

解釋了為什麼同卵雙胞胎的慣用手不同。

　　還有人從頭髮的旋向研究可能控制左撇子特性的基因。透過在人群密集的機場、超市等場所，對人的頭髮旋向進行觀察研究，美國癌症研究所的專家發現，百分之九十五的右撇子頭髮都是順時針方向旋轉的，而左撇子和左右手都很靈活的人，頭髮逆時針和順時針旋轉的各占一半。專家因此得出結論，人體內可能存在著一種有兩種表現形式的基因，一種表現形式帶有頭髮右旋的特徵資訊，另一種則帶有頭髮隨機旋向的特徵資訊。正是基於這個基因的存在，人的用手偏向性與頭髮旋向才受到控制。前一種表現形式屬於顯性，後一種表現形式則屬於隱性。擁有一個或兩個都是右旋資訊基因的人，必定是右撇子，頭髮也呈順時針旋轉；帶有兩個隨機旋向特徵資訊基因的人，才不一定為右撇子，成為左撇子或右撇子的機率各占百分之五十。

　　雖然與單一基因決定的理論有些差別，但是這一理論同樣解釋了一卵雙胎左右撇子各半的現象。他們都帶有兩個隨機旋向特徵資訊基因，所以按機率出現一半左撇子，一半右撇子。不過，究竟是什麼基因，依然有待於科學家不斷努力去揭開謎底。

相關連結 —— 左撇子的人智商高

　　習慣使用左手的人一般被稱作「左撇子」，有調查研究顯

示，一般左撇子智商都比較高，每五個傑出人士中就有一個是左撇子。比如：喜劇演員卓別林，美國前總統柯林頓，英國女王伊莉莎白二世，著名畫家達文西，自然科學家愛因斯坦，微軟創始人比爾‧蓋茲，他（她）們都是不折不扣的左撇子。

這是因為人類的左右兩個大腦半球，分別管理左右兩側肢體的活動，大腦左半球支配右側肢體，右半球支配左側肢體。主要負責推理、邏輯和語言的是左半球；而右半球則負責感情、想像力和空間距離等，注重幾何形狀的感覺，具有直接對視覺訊號進行判斷的能力。因此，「看東西」時與右撇子從大腦到進行動作走的神經反應路線（「大腦右半球—大腦左半球—右手」）不同，左撇子走的卻是「大腦右半球—左手」路線。此外，由於人們習慣上更傾向於使用右手，生活用品、學習用品、服務設施等都是為慣使用右手的人設計的，而不少左撇子孩子的父母教孩子練習寫字或拿筷子等時也注意讓他們使用右手，這就使左撇子從小學習「左右開弓」，使他們的左右大腦都得到了鍛鍊，從而能發展得更好，左撇子自然就變得比右撇子聰明了。

奇妙的人體磁場

有一位修練老者，遇到了一件讓他十分困惑的怪事。幾年前，他在街上行走，在天橋處碰到對面走過來一位女士，大約三十多歲。突然他不由得從頭到腳打了個冷顫，就像通了電流

一樣。對方走過去後,他才好轉。

不僅是這位老先生,類似這種特異事情的發生,在其他人身上也有發生,不過概率相當低。這種怪事發生的奧祕在於,人體陰陽磁場的瞬間磁振。

人體磁場屬於生物磁場的範疇。但由於人體磁場常常處於周圍環境的磁場雜訊中,它的訊號又非常微弱,因此很難具體測定。但隨著現代科學技術的飛速發展,科學家陸續研發出了一系列先進的測量儀器,超導量子干涉儀的研發成功,更是使人體磁場的研究進入高速發展時期。透過微弱磁場測定法對人體磁場的檢測,還能將所獲人體磁場的資訊應用於臨床多種疾病的診斷及推進一些疑難病症的治療中。

人體磁場的形成和來源

那麼,人體生物磁場是如何形成的?透過研究科學家發現,主要有三種形成原因。

一是由生物電流產生的。人體生命活動的氧化還原反應不斷進行。電子在這些生化反應過程中,會發生傳遞;而電子的轉移或離子的移動可以產生電流,這種電流被稱為生物電流。人體臟器如心、腦、肌肉等,都有規律性的生物電流流動。而運動著的電荷就會形成磁場。從這個意義上說,凡是人體能產生生物電訊號的部位,也必定會同時產生生物磁訊號。心磁場、腦磁場、神經磁場、肌磁場等,都屬於這一類磁場。

第二種是由生物磁性物質產生的感應場。比如肝、脾內,

都含有較多的鐵質，這些鐵質就具有磁性，因此人體活組織內某些物質都具有一定的磁性，在地磁場或其他外界磁場作用下它們產生感應場。

第三種是外源性磁性物質產生的剩餘磁場。某些具有強磁性的物質，如含鐵塵埃、磁鐵礦粉末等，由於職業或環境原因，透過人的呼吸道、食道會進入體內。它們在地磁場或外界磁場作用下會被磁化，從而產生剩餘磁場。但是，由於人體生物磁場強度很弱，只有在適應宇宙大磁場的情況下才能維持身體組織、器官的正常生理，反之就會出現異常反應而生病。

人體有哪些磁場

人體的很多部位都存在著磁場，通常來說主要有以下幾種磁場：

腦磁場：雖然人的腦磁場非常微弱，但科學家對這方面進行了比較多的研究，測出了正常人的腦磁場，癲癇病人的腦磁場，甚至還研究了視覺、聽覺及軀體等方面的誘發腦磁場（MEG）。有的研究者認為，腦磁圖能夠幫助了解人的大腦細胞群活動與皮層產生的特定功能之間的關係，並有可能成為診斷腦機能狀態的新方法。而誘發腦磁場的研究結果，將會在生理學、組織學等研究上有重要作用。

心磁場：作為最早探測到的人體磁場，心磁場隨時間變化，而它變化的曲線，被稱為心磁圖（MCG）。心臟不停的進行舒張收縮活動，供給全身的血液，因而達到了泵的作用。心臟由

於心肌受到動作電位的刺激而發生收縮活動，心室肌肉發生動作電位就有電流流動，即心電流，隨著心電流的流動就會產生心磁場。

眼磁場：科學家用超導量子干涉式研究了眼球運動時產生的垂直棉布的眼磁場分量的分布情況，並研究了光刺激產生的眼磁圖。依據設想的眼電流強度與分布模型計算出來的眼磁場分布，和積極測量的眼磁場很符合。可以不需要接觸人體皮膚只應用眼磁圖就能得到較多的資訊。

肺磁圖：不同於腦磁場和心磁場，肺磁場的產生不是由於體內生物電流，而是由於侵入肺中的強磁性物質。在某些工作環境的空氣含有較多的強磁性微粒，進入人體肺中的強磁性微粒在地磁場與其他外加磁場的作用下，就會被磁化，從而產生剩餘磁場。與地磁場、交流磁雜訊相比，肺磁場仍是比較弱的，雖然它在人體磁場中是比較強。

肌磁場：隨著肌電流入的骨骼肌運動也會產生肌肉磁場。雖然肌磁場很微弱，但透過儀器仍可測出。肌磁場隨時間變化的曲線，被稱為肌磁圖。

人體穴位磁場：科學家經過研究，發現人體的穴位也具有一定範圍的磁場，而且是磁場的聚焦點，是人體電磁場的活動點和敏感點，而經絡則是電磁傳導的通道。

新知博覽 —— 人體能自己調節體溫嗎

作為一種恆溫動物，人類無論是在嚴寒的冬季還是酷熱高溫的夏季，正常人的體溫通常都保持在三十七度左右，否則我們體內的新陳代謝便會無法正常進行，就會生病，甚至會死亡。

人體之所以能夠恆溫是因為於我們體內有一整套系統和器官可以調整體溫，就像自備了整套空調，因此我們可以稱之為「體溫調節器」。 作為總調度員的大腦在天氣寒冷時，就會令皮膚繃緊，毛孔拉直，血管收縮，產生「雞皮疙瘩」，減少皮膚的散熱面積從而使溫熱的血液盡可能集中在心臟，少流些到皮膚表面來，並同時令心臟加快跳動。體內的能源「糖」加緊放熱，以補充失去的熱量。這就是為什麼寒冷時節人們胃口好、能源消耗較多。如果繼續冷下去，人體最明顯的取暖方法就是讓肌肉運動，開始全身發抖、牙齒打顫，身體的熱量會較平時增加四倍。如果外界氣溫高，我們全身的血管就會擴張，使汗腺全部開放，進而使皮膚流出汗液來。人體在火熱的夏天，百分之九十的熱量是被汗珠一點一滴帶走的。

人體各器官壽命有多長

據英國《每日郵報》報導，很多人都擔心自己會衰老，但可能很少有人意識到，不管你能活多長，你的身體某些部分其實只有幾週甚至幾天的壽命，因為這些身體器官在不斷進行自

我更新。

肝的壽命：五個月

我們都知道，由於血液供應充足，肝的自我恢復和再生能力驚人，這可以使它把毒素排出體外的重要工作繼續下去。之所以就連酒鬼的肝功能有時候也會提高，是因為肝細胞只有一百五十天左右的壽命。英國萊斯特皇家醫院的肝臟研究中心的人員說：「我可以在一次手術中切除患者肝臟的百分之七十，只要兩個月的時間，大約百分之九十的肝就會長出來。」

但是，如果長期酗酒，其軟組織細胞（肝臟的主要細胞）可能會逐漸受損，形成疤痕組織，也叫硬化。因此，雖然健康的肝可以不斷自我更新，但硬化損傷是永恆甚至是致命的。

味蕾壽命：十天

英國研究人員發現，人的舌頭上有大約九千個味蕾，使我們能感受到甜、鹹、苦或者酸味。作為舌頭表面細胞的集合，每個味蕾有大約五十個味覺細胞。一般只需要十天到兩週味蕾便會自我更新一次。但是，任何引起發炎的因素都會損害味蕾，影響它們的更新，減弱它們的敏感性，如感染或吸菸。

大腦的壽命：和人的壽命相同

研究人員指出，能持續終身的大多數細胞是在大腦中發現的。我們約有一千億個腦細胞，出生時數量已固定，它們大部分都不會隨老化而自我更新。

事實上，我們的確會損失細胞，這也是患上痴呆症的根源以及頭部受傷破壞性很大的原因。但是，比較特別的是支配著我們嗅覺的嗅球和用於學習的海馬狀突起，這兩個部位的細胞會自我更新。

心臟壽命：二十年

有相當一段時間人們認為心臟是不能自我更新的，但是紐約醫學院的一項研究發現，人的心臟上布滿不斷自我更新的幹細胞一生中至少更新二至三次。

肺的壽命：二週至三週

肺細胞也能夠不斷自我更新。但是，肺不同的細胞更新速度不同。用來交換氧氣和氣體的氣泡或氣囊細胞位於肺部深處，大約需要約一年的時間，更新過程比較穩定。與此同時，每隔二週至三週肺部表面的細胞就必須進行自我更新。因為它們是肺的第一道防線，所以必須快速更新。一旦人患上了肺氣腫，會阻止這種更新進行，因為這種病源自氣泡的破壞，肺壁上形成了永久性的「洞」。

眼睛的壽命：和人的壽命相同

眼睛是身體中為數較少的在生命期間不會改變的身體部分之一。角膜是眼部唯一不斷更新的部位。英國研究人員指出，眼角膜能在受到損傷後二十四小時內復原。為了很好的聚光，角膜必須有一個平滑的表面。這就是這種細胞更新那麼快

的原因。

但眼睛的其他部位並不是這樣的，晶狀體會隨著我們的老化失去彈性，這也是我們的視力隨著年齡的增大越來越差的原因。

皮膚壽命：二週至四週

每隔二週至四週我們皮膚的表層皮就會進行自我更新一次，因為皮膚是身體的外層保護，容易暴露在損傷和汙染中，所以需要快速更新。但由於隨著人的老化，我們的皮膚會失去大量的膠原蛋白和彈性，所以儘管皮膚在不斷更新，我們仍會隨著年齡的增大長滿皺紋。

骨骼壽命：十年

研究發現，骨骼也會不斷進行自我更新，而這種更新大約需要十年。破骨細胞會分解老舊的骨頭，造骨細胞負責製造新的骨組織。因為更新速度不同，老舊骨頭和新骨頭始終同時存在。骨骼的更新速度到中年後會減慢，因此我們的骨骼會越來越薄，這就是骨質疏鬆形成的原因。

腸的壽命：二至三天

腸上分布著的腸絨毛是小的手指狀的觸角，能夠增大表面積從而更好的幫助腸吸收營養。腸的更新速度極快，每二至三天就會更新一次。它們經常暴露在化學物如分解食物的高腐蝕性胃酸中，因此也通常飽受折磨。利用一層黏液腸的其他部分

可以進行自我保護，不過這種屏障無法長久抵禦胃酸，所以這些位置的細胞的自我更新頻率為三至五天。

指甲的壽命：六至十個月

人的指甲由富含角蛋白的細胞構成，每個月會生長三點四毫米，大約是腳趾甲生長速度的兩倍。腳趾甲需要十個月才能生長完整。但是，手指甲的完整生長只有六個月。這可能是因為它們有血液供應較好，循環因此較好的緣故。年輕人和男人的指甲生長速度更快，這可能是因為他們的循環較好。不過讓人困惑的是，小指的指甲生長速度比其他手指甲的生長速度慢得多。一般而言，指甲的生長速度還與年齡和疾病（如牛皮癬）有關，它會影響指甲生長產生的組織。

紅血球的壽命：四個月

紅血球為肝臟組織輸送氧氣和排出廢物，是身體的重要輸送系統。它們的更新頻率為四個月，脾臟中殘留細胞在肝臟排出了殘留的健康血紅血球所必須的鐵後就會毀滅。因為會受傷和女性月經受損，所以身體經常會合成更多紅血球。

頭髮的壽命：三至六年

研究發現，頭髮的長度決定了它的壽命，但通常每個月頭髮會生長一公分。女人每根頭髮的生長時間可達六年，男人的頭髮會長三年。眉毛和睫毛的更新頻率為六至八週，不過因為拔眉毛破壞了這一循環，所以經常拔眉毛會導致眉毛停止生長。

新知博覽 —— 什麼是人造肝臟

作為一種圓錐形物體，人造肝臟是由塑膠製成的，長約五十公分，直徑十公分。其中含有纖維素和具有清潔血液功能的豬肝臟細胞。而豬肝臟細胞可以為血液所必須的一些成分提供補充。

人造肝臟的工作原理類似於透析，將流經患者肝臟的血液導向體外，經膜式篩檢程序將血液中的有毒物質濾除，保留人體所需要的蛋白，並重新輸入患者體內。這種方法從臨床使用情況來看，可以進行連續治療，還能大大節約醫療成本。一般來說，MARS 系統可以用於強化護理站和透析中心。

眾所周知，當患者肝臟衰竭時，如果不能及時治療或進行肝臟移植，會相當危險。幾乎世界各國的器官庫都不能及時提供肝臟。慢性肝炎、病毒性肝炎或因酒精中毒引起的肝炎在世界上屬於一類常見病，並日益增多。在搶救那些病情危急（如肝壞死），但一時又找不到合適移植器官的患者時人造肝臟可以作為一種應急措施，只作為一種危急狀態時的外用輔助裝置。一九九〇年代初期，美國的洛杉磯塞達爾·西奈醫療中心使用了人造肝臟。

這種技術的使用，避免了人類血液細胞與豬血液細胞的互相排斥現象。因為使用人造肝臟時，會先將血液自患者體內引出，流入一部分可以將固體細胞和液體血漿分離的裝置，隨後血漿流入人造肝臟，經過濾後再同血液細胞混合返回人體。

人類究竟能否長生不老

　　長生不老一直都是人類所夢寐以求的。傳說中的彭祖活了八百歲；《聖經》中的亞當活了九百三十歲，一百三十歲時還生了兒子塞特，之後又活了八百歲；他的塞特在八百零七歲時還生兒育女，活了九百十二歲……為了追求這個夢想，從古代開始就進行了不懈努力，嘗試著煉「長生不老」的丹、製「長生不老」藥，除了「五石散」，還有不少用中藥材煉製的丹藥，比如「老奴丸」、「打老兒丸」……這些藥可不是騙人的方士煉製的，它們甚至得到華佗等名醫的認可。

　　彭祖不老的真相究竟是什麼，這些中藥材煉製的「長生不老藥」究竟能不能令人長壽，隨著科技的發展，現代科學家也在探尋另一種長生之路，他們會成功嗎？這些似乎都是謎。

彭祖活到八百歲的傳說

　　據神話傳說，彭祖和陳摶老祖兩人都在天宮玉皇大帝身邊主事，分別掌管功德簿和諸神的生死簿。

　　一天，陳摶對彭祖說：「我勞累過度，想好好睡一覺。如有要緊事，你把我叫醒。」彭祖回答說：「好，你儘管放心睡覺去吧！」彭祖趁陳摶去睡覺就想到凡間遊玩一番。有一天，他代陳摶更換生死簿名單，在上面發現了他的名字。彭祖一想：不好，如果被玉帝發現我到了凡間，就會很快派人把我召回來的。於是他靈機一動，把生死簿上寫有「彭祖」名字的那一頁紙撕了下

來，撚成紙繩訂在本子上，從此這個生死簿上就再也找不到彭祖的名字，這樣他才放心的下凡去了。

　　彭祖流落到人間，作了商朝士大夫。他先後娶了四十九個妻子，生了五十四個兒子，但都一一衰老死亡了，而彭祖卻依然年輕力壯，行動灑脫。當他娶了第五十個妻子後，就辭了官，到處遊山玩水，直到這位妻子由當年的黃花閨女變成老太婆時，他才定居到宜君縣一個小山村。這時彭祖已八百歲了。有天晚上，夫妻倆睡在床上對話，妻子問彭祖她死後彭祖還再娶妻嗎？彭祖毫不避諱的說當然還要娶，妻子問他為什麼不會衰老，彭祖一時得意說出了實情。妻子這才明白彭祖一直不死的奧祕。

　　這位妻子在死後向玉皇大帝訴說了此事。玉帝聽後馬上派兩個差神下凡去找彭祖。兩位差神遍跑人間，四處打聽。終於有一天，兩位差神來到宜君縣彭村，趁木匠吃飯之機偷走了解板大鋸，到打麥場上用力的鋸一個碌碡，一下招來很多鄉親圍著湊熱鬧。這時，彭祖也前來觀看。人們七嘴八舌，議論紛紛，彭祖因自己年事高、經歷廣，趁機譏笑說：「我彭祖活了八百歲，也沒見過有人鋸碌碡。」話音剛落，兩位差神把鋸一扔，當場就逮住了彭祖。這天夜裡，彭祖就去世了，享年八百歲。

　　其實，彭祖並非虛構，歷史上確有其人。他是黃帝之後，為顓頊帝玄孫、陸終氏第三子，姓籛名鏗，不僅是中華古代最

長壽的老人、中華養生文化創立者，也是中華廚界祖師爺、中華武術文化鼻祖及中華歷史上最早的性學大師。不過，按照現在的計算法，彭祖其實只活到一百三十歲左右，但這已經差不多到了人類生存的極限了。

人的極限自然年齡

俗話說「人生七十古來稀」。人的壽命究竟能有多長呢？科學研究發現，人類的正常壽命不應該少於一百歲，大約在一百二十至一百三十歲左右。

科學家研究哺乳動物時發現，其最高壽命相當於生長期的五至七倍。例如：狗的壽命約為十至十四年，生長期為兩年；馬的壽命約為二十五至三十五年，其生長期為五年；人也是哺乳動物，生長期為二十至二十五年，自然壽命則應為一百至一百七十五歲。

也有研究稱，哺乳動物的壽命相當於性成熟期的八至十倍，生長期的五至七倍，而人類的性成熟期為十四至十五年。

還有一種研究指出，細胞分裂次數和分裂週期的乘積就是動物的自然壽命，人體細胞分裂次數約五十次，每次分裂週期平均為二點四年，故人的自然壽命應為一百二十歲左右。

不管哪種演算法，人的自然壽命都應該達為一百二十歲左右。但是為什麼在實際生活過程中，並沒有多少人超過一百歲呢？其實這與遺傳、環境、生活水準、生活方式、意外、疾病等因素有關，這些因素導致了疾病和早衰，有的直接引起了死

亡，故使人的實際壽命遠遠低於自然壽命。

長壽之鄉的老人為何活得長

長壽是不是遺傳的呢？從事長壽科學研究的人員認為，遺傳在形成長壽的因素，只占百分之十五，百分之八十五要靠後天的努力。巴馬的長壽與和諧的社會環境、長壽老人良好的生活方式以及合理的膳食結構等有關，不僅是地理、氣候、環境等因素。

事實上，古人養生家早就認識了這一點。他們認為，能否合理安排起居作息與人的壽命長短有著密切的關係。《管子·形勢》篇中就說：「起居時，飲食節，寒暑適，則身體利而壽命長益。」

「老奴丸」能讓人返老還童嗎？

古時的「長生不老藥」有很多，比如老奴丸、打老兒丸、冰玉散等。傳說古代一位女子因長期獨守空房熬不住寂寞，就與家中的老奴私通了，但是老奴年老體衰，讓該女子非常不滿意，於是她就把「老奴丸」這個家傳祖方給他吃，沒想到老奴就此「返老還童」了，還與該女子生了兩個孩子。但後來事情敗露後，她把老奴打死了，發現老奴骨髓飽滿，骨質堅硬。

「老奴丸」果真如此神奇嗎？研究發現，作為溫助腎陽的良藥，老奴丸不僅可以滋腎強精，兼能祛肝經風濕諸邪，疏通經脈，興助陽事。因腎為人之先天之本，本方藥功在補腎，因此

也就可以達到抗衰防老、延年益壽作用，適宜於中老年人精虧陽衰、虛耗風濕、陽痿不舉、腰腳疼痛者服用。

除了老奴丸，醫書中還有另一種神奇的丹藥的記載 —— 打老兒丸。

相傳很久以前，一年輕女子手持木棒，在路上追打一位白髮老頭。路人見之十分憤然。因為就相貌而言，那女子無疑是老者的晚輩，即使是夫妻，年輕妻子在路上追打老年丈夫也令人難以容忍。於是，路人對那年輕女子群起而攻之。誰知那年輕女子的回答竟把每個人驚得目瞪口呆。

原來，被追打的老者是年輕女子的兒子。所謂「年輕女子」，已有百餘歲了！她長年服用家傳祕方配製而成的一種藥丸，所以容顏不老。雖已百餘歲，仍然身輕如燕，體態姣好。而她的兒子不聽她的勸告，屢屢拒服她配製的藥丸，結果七十多歲就鬚髮皆白、老態龍鍾了。為此，她十分生氣，常常追打兒子，逼迫他服用藥丸。

路人聽到這裡無不驚詫，奉「年輕女子」為神仙，紛紛請求賜予藥丸。於是「年輕女子」將家傳祕方告於眾人。眾人用之果然均收到奇效。後人便將這種藥丸稱為「神仙訓老丸」。

「神仙訓老丸」此後名聲大振。但漢代的名醫華佗卻嫌該藥尚有缺陷，便在原配方的基礎上增減了幾味藥，將該藥壯陽滋陰的作用加以突出，並改名叫「仙姑打老兒丸」。

經華佗調理後，「仙姑打老兒丸」更是不同凡響了，不久便

進入宮廷成為皇帝和皇親國戚們的專用藥品。到了宮廷，出於「打老兒丸」這名稱不夠文雅的考慮，在不同的年代便有了不同的名字，後來傳到明代，太醫院把「仙姑打老兒丸」改成「延年益壽丸」。明代末年，中原名醫郭敬海將家傳的「不老還童掛骨丹」合併改為「延年益壽補腎丸」。

除此以外，還有一種大大有名的「冰玉散」。傳聞神農時期有個人叫赤松子，因為服用「冰玉散」，可以入火不化，隨風雨上天入地。後來他成了掌管祈雨的神，炎帝的小女兒追隨他，也得道成了仙。

這三個藥方一直流傳至今，臨床上還在使用。但是，這些方子可以延壽，但不會長生不老。

現代科學的長生不老術

既然人的極限年齡為一百二十至一百三十歲，那麼人類可不可以突破這個局限，從而實現「長生不老」呢？英國和俄羅斯的科學家認為這是很有可能的，他們認為衰老是一種病，像心肌梗塞和癌症一樣是可治的。

生物學家其實早就發現一件有趣的事實：在人工培養條件下，每一種細胞的壽命都有一定限度，而在接近這個限度時，即使用最好的培養方法也拯救不了既定的命運。比如說人體的成纖維細胞最多只能繁殖五十代，然後便趨於死亡。老鼠的成纖維細胞只能分裂十八代；而龜的成纖維細胞也只能分裂一百一十代；如此等等。

研究發現，端粒是控制細胞分裂次數的時鐘。作為染色體末端的 DNA 重複片斷，端粒經常被比作鞋帶兩端防止磨損的塑膠套。這些不含有基因的小顆粒可以保護染色體免受傷害。不同個體的端粒有著不同的初始長度，但對每個個體來說，它們可隨時間流逝而變短。在新細胞中，染色體頂端的端粒會隨著細胞分裂逐漸縮短。這就像磨損鐵桿，當磨損得只剩下一個殘根時，細胞就接近衰老。細胞分裂一次其端粒的遺失約三十至兩百 bp（鹼基對），鼠和人的一些細胞一般有大約一萬 bp。當端粒不能再縮短，細胞就無法繼續分裂了。

這一發現似乎也告訴人們，細胞記憶體在一口衰老鐘，它限定著細胞分裂的次數，也就限定了生物的壽命。高壽生物由一個受精卵細胞分裂而形成，它一分為二、二分為四，從而逐漸增殖，組成胎兒，再分裂而成青年。當出現衰老現象時，就意味著細胞不能再分裂了。最近又有研究發現，患有一種可加速衰老的遺傳疾病的人具有異常短的端粒，進一步表明端粒在衰老過程中所起的作用。因此，端粒被一部分科學家們視為「生命時鐘」。

那麼，這是不是就是衰老的真正起因，我們從此就找到了一條「長生不老」之路呢？畢竟只要有一種方法保持人類端粒完整不受損傷，人類就能永遠活下去。

科學家還無法做出肯定的答覆。最新研究表明，癌細胞居然就有這種復原的能力，生生不息。曾有科學家宣稱，如果能

破解癌細胞一邊分解一邊複製的奧祕，那麼人們活到一千歲也不是難事了。不過，眾多科學家對此觀點還是持保留意見。

相關連結 —— 勞動者長壽

傳統中醫養生學認為：「勞其行者長年，安其樂者短命。」也就是說，我們能透過勞動促進生命的運動，延年益壽；相反，過於安逸的生活反而會對健康不利。

在對一千多名九十歲以上的長壽老人進行調查後，研究人員發現，在這些老人中體力勞動者占百分之九十五，腦力勞動者占百分之五，他們中的大部分在九十歲、一百歲時還參加勞動。而年輕時多從事各種體力勞動，更是能為長壽奠定體質基礎。

從醫學角度上講，長期參加體力勞動的人之所以能鍛鍊身體是體質增強，就是因為他們總是手腳不停；而且工作容易飢餓，也就增強了食慾，吃飯自然也香，睡覺也甜；另外，勞動透過促進消化功能和心血管功能，還有助於心肌跳動有力，血液流動暢通，從而降低血壓和血脂，新陳代謝也旺盛。

一個人如果陽氣足，免疫功能就能得到增強，人體不易受外邪侵襲，對身心都有好處，有利於保健、養生、防病。長期參加體力勞動，可使人的心腦血管衰退過程推遲十至二十年。

有人說得好：「人是動物，就要多動，多動才能不衰。」我們在日常生活中也能看到，那些勤快好動熱愛生活的老人常常

能健康長壽。英國有一句諺語：「沒有一個長壽者是懶漢。」現在很多人雖然老想著健康長壽，但就是因為一個「懶」字。懶於起床，懶於鍛鍊身體，懶於做家事勞動，懶於參加社會活動，懶於學習，滿足於整天坐在沙發上看電視、看報紙，甚至一有空就躺到床上。事實上，一個人一旦沾上一個「懶」字，很多慢性疾病會向他襲來，當然也就難以實現健康長壽了。

胎兒在母體中怎樣生活

媽媽們懷著寶寶時經常能感覺到胎兒的動彈，而幸福的爸爸們也會常常貼在媽媽的肚皮上傾聽寶寶的動靜。那麼，在媽媽的肚子裡面寶寶究竟都在做什麼呢？都有些什麼「娛樂」活動呢？

一個人一生的開始常常是從嬰兒的出生開始算起，其實作為一個生命，胎兒階段就已經是真正的起點。但長久以來人們卻一直沒有弄清楚，胎兒在母腹中是怎樣生活的。如今，這一切已不再是祕密了。借助於超音波掃描技術，科學家完全可以直接從螢光幕上觀察胎兒的生活，從而更好的研究胎兒在子宮內的運動和情感變化。

胎兒的聽覺與視覺

妊娠期間，母親的腹內並非是一個安靜的理想場所，而會有大量的聲音會傳入胎兒的耳內，胎兒不斷的「凝神細聽」。一

般說來，最為嘈雜的是母親胃內發出的咕嚕咕嚕聲。此外，胎兒還能聽到母親與他人輕微的交談聲。但是，只有母親那富有節律的心臟搏動聲才是支配胎兒所處環境的聲音。如果心臟的節奏正常，胎兒就會知道一切正常，並且感到安全。

此外，胎兒還可以聽音樂，特別喜歡每分鐘六十拍左右的慢節奏音樂，這個節奏與母親的心跳速度非常接近。這時，他會轉過頭來，用耳朵來收聽外界的聲響。

視覺在腹內是不重要的，但是，當在孕婦裸露的腹部加一道明亮的光線時，胎兒就會睜著眼睛，把臉轉向了有光的地方，並睜大眼睛。

胎兒的味覺與觸覺

令人感到驚奇的是，僅僅四個月左右的胎兒就有了靈敏的味覺，並能食其所好。當在羊水中加入味道苦澀的脂醇，胎兒就會減少吸吮的次數，甚至會出現皺眉的表情。與此相反，當把糖等帶有甜味的物質加入羊水中時，胎兒吮吸的次數就會劇增。

此外，胎兒還有觸覺反應。如果他的小腳丫被碰到了，就會把腳丫張開，像把小扇子；如果小手被碰，就會握起小拳頭。如果母親不小心重重的跌了一跤，胎兒雖然在羊水等緩衝保護作用下不會受傷，但還是會被驚醒，並開始躁動不安。母親的疼痛和緊張，也會使體內腎上腺素和其他與緊張有關的激素分泌增加，此時供給胎兒的血液量會相對減少，這時胎兒就會感

到煩躁不安，並且哭起來。但由於子宮內沒有空氣，所以胎兒哭時並沒有聲音。當母親平靜下來，激素分泌恢復平衡時，胎兒又恢復到原來平靜的狀態。

勤奮的「胎兒」

胎兒具有排尿功能在三四個月大時，會有尿液積存在他的小膀胱裡。七個月大的胎兒每小時大約會排尿十毫升。跟其他的代謝廢物一樣，胎兒排泄尿液的通道也是母親的胎盤。當胎兒長到八個月大時，就已經非常「能幹」了。他會在無意識中打呵欠、抓東西、吮吸手指、伸胳臂、蹬腿和伸懶腰，還會微笑、皺眉頭，甚至做鬼臉。

總之，胎兒在出生前的一些生理活動，是為其出生後的生存打基礎。胎兒雖然不需要呼吸，但橫膈也要跟呼吸時那樣上下運動。胎兒的營養由母親供給，但自己也要「進食」（吞一些羊水），吞嚥時還會引起打嗝。這時，細心的母親能感覺到胎兒在進行一系列小的、有規律的跳動。

相關連結 —— 胎兒在子宮裡有記憶嗎

實際上，當一個新生兒呱然墜地時，面對的並不是一個陌生的世界。因為他在媽媽的子宮時就已經有很長時間用來聽聲音、區別不同的嗓子、熟悉音樂及其他聲響等，習慣四周環境了。母親是生命之舟，但她的作用不僅僅在此，她和胎兒之

間在整個懷孕期間都存在著持久的、強烈的感情交流。有些在母親子宮裡留下的無意識記憶，甚至到孩子長大成人時還記憶猶新。

胎兒的耳朵在媽媽懷孕二十四週以後便開始起作用。他首先聽到的聲響來自腹部和子宮內，其次是母親的胃鳴和嗓音，當然還有父親的說話聲和其他聲音。雖然對他來說，這些聲音不算太響亮，但完全可以聽到。

胎兒到第六個月或第七個月時，就能分辨母親感情和姿態的微妙差別，而他也會隨之調整自己的行為。如果母親愛護和保養好自己的胎兒，那麼她生下的孩子會很樂觀；反之，在恐懼和焦慮的氣氛中成長的胎兒，再加上出生後又得不到幫助和愛護，成年後往往會比較憂慮和脆弱。

母子之間的感情往往是深厚的，但應把它看作是產前母愛的繼續。從孕期開始，母親就要知道應該透過什麼途徑把自己的感情傳遞給孩子；同時也要隨時傾聽孩子在「說」些什麼。

人有「第二大腦」嗎

為什麼人在生氣時，常常會覺得胃疼、肚子疼呢？科學家認為，這是由於我們的肚子裡有還有一個大腦。

據德國《地球》雜誌報導，越來越多的科學家都認為，肚子是人類的「第二大腦」，也被稱為「腹部大腦」，人類的許多感覺和知覺都是源於肚子。人的肚子裡有一個十分複雜的神經網

路：包含大約一千億個神經細胞（骨髓裡的細胞也比不上它多），與大腦的細胞數量相等，並且細胞類型、有機物質及感受器都極其相似。

「腹部大腦」的功能

最新研究表明，心理過程與消化系統緊密相聯的程度非常之高，幾乎超出人們的想像。對喜悅和痛苦等情感，腹部大腦（簡稱腹腦）會產生很顯著的作用。內臟疾病也往往也聯繫著心理反應，其中有一個最有力的證據：百分之四十的腸功能紊亂病人都同時忍受著恐懼症和經常性憂鬱的困擾。之外，對老鼠的實驗同樣證明了：當人們讓牠的神經元處於高度緊張狀態時，內臟也將會出現與類似於腸功能紊亂的特徵。

在德國，流行著一句俏皮話：「在肚子裡選擇最佳方案和做出最佳決定」。事實上，肚子裡的神經系統可以下意識的儲存身體對所有心理過程的反應，每當有所需要，就能將這些資訊調出，並傳輸入大腦，這或許可以影響到一個人的理性決定。

哥倫比亞大學的邁克·格爾松教授指出，神經細胞綜合體這個「組織機構」存在於人體胃腸道組織的皺褶之中。在神經感測器的幫助下，它獨立於大腦工作來進行訊號交換工作，甚至，它還能同樣參加學習等智力活動。

為肚子提供營養的是神經膠質細胞，這與大腦是一樣的。此外，肚子擁有專屬於它的負責免疫、保衛的細胞。像血清素、麩胺酸鹽、神經肽蛋白等神經感測器的存在也加大了它與

大腦間的這種相似性。

第二大腦的起源與工作方式

這個所謂的人體內第二大腦也有著有趣的起源。古老的腔體生物體內都擁有著早期神經系統，這個系統可使生物在演化演變過程中變成功能繁複的大腦，而早期神經系統的殘餘部分則轉變為控制內部器官（如消化器官）的活動中心。在胚胎神經系統形成的最初階段，細胞凝聚物首先分裂出一部分，形成中央神經系統，而另一部分繼續在胚胎體內游動，直至落入胃腸道系統，變成獨立的神經系統。從此之後，該系統在專門的神經纖維 —— 迷走神經作用下，與中央神經系統建立聯繫。

以前，人們只是將腸道視為帶有基本條件反射的肌肉管狀體，而幾乎沒人關注它的細胞、構造、功能之類的特點。直到最近幾年，經過科學實驗，人們發現胃腸道細胞的數量約有上億個，而單靠神經根本無法保證這些複雜的系統同大腦間進行密切聯繫。那麼，胃腸系統是如何進行工作的呢？

透過研究，科學家發現胃腸系統可以獨立的工作，原因即在於它有自己的司令部 —— 人體的第二大腦。第二大腦，它的主要機能就是監控胃部活動及消化過程，觀察食物特點、調節消化速度、加快或者放慢消化液分泌。非常有意思的是，像大腦一樣，人體的第二大腦也需要休息、甚至沉浸於夢境，甚至，第二大腦在做夢時，腸道也還會出現一些波動現象，如肌肉收縮。在精神緊張情況下，第二大腦也會像大腦那樣分泌出

專門的荷爾蒙，其中有過量的血清素。人能體驗到那種狀態時，特別嚴重的情況如遭遇驚嚇、胃部遭到刺激時，還會出現腹瀉。俗語「嚇得屁滾尿流」就是指的這種情況，在俄羅斯這被稱為「熊病」。

醫學界曾有神經胃之類的術語，這主要是指胃對灼熱、氣管痙攣這樣的強烈刺激所產生的反應。當存在進一步的不良刺激因素，胃將會根據大腦的指令分泌出會引起胃炎、胃潰瘍的物質。同樣，第二大腦的活動也會影響大腦的活動。例如：它可以將消化不良的訊號回送到大腦，這樣就會引起噁心、頭痛或者其他不舒服的感覺。有時人體會對一些物質過敏，這也是第二大腦作用於大腦的結果。

雖然，科學家已發現了第二大腦在生命活動中的作用，但到目前為止，還有許多現象等待人們深入研究。科學家至今還沒有弄清第二大腦在人的思維過程中到底發揮什麼樣的作用，以及低級動物體內是否也存在第二大腦等問題。

相關連結 —— 男女大腦有所不同

雖然男性和女性的大腦有許多地方一樣，但男女大腦發育還是存在差異的，其主要原因是男女兩性的性荷爾蒙不同。研究表明，性激素對大腦和脊髓都有深刻的影響，這種影響從胎兒在子宮中發育時就開始了，而且會貫穿一個人的一生。

有關科學實驗結果顯示，在新生兒出生前，雄激素睪酮異

常活躍，在出生後則換作雌激素。這種激素決定了人體大腦中被稱為海馬的海馬狀結構（被認為是與記憶和情緒相關的大腦部位）的發育特徵。

除此之外，男性大腦的永久性改變會表現出某種胚胎時期的特質，進而會進一步引發睪酮的大量迸出。這可能就是為什麼男性比女性更容易罹患如誦讀困難、精神分裂症、幼年孤獨症等神經性疾病的原因，而相對而言，女性更容易罹患焦慮症、憂鬱症和進食障礙等神經性疾病。

總之，比起我們以前想像的，睪酮和雌激素在大腦發育中所發揮的作用機制要複雜得多。而男性與女性的大腦構造的差異，正是來自於男女性激素的差異。

髮旋能否決定人的性格

老人們常說：「一旋兒橫，二旋兒擰，三旋兒打架不要命。」認為透過髮旋的多少，就能夠判斷一個人的性格；也有人認為兩個髮旋的人要比一個髮旋的人聰明。但實際上，這些說法都只是迷信而已，髮旋並不能決定人的性格。

什麼是髮旋

多數人只有一個髮旋，一般位於頭頂部，或偏左或偏右，少數人會有二至三個髮旋。也有的人髮旋生長在頭上的其他部位，這造成了局部的發流變化，比如髮旋在前額部，使得前額

上的頭髮向上生長。這種自然流向的狀態只有在頭髮生長到一定長度時才顯現出來，另外，有個別人連眉毛上都有旋。

髮旋的位置對做髮型有一定的影響，髮旋多的人頭髮難於梳理，做髮型難度也較大。因此，了解和掌握髮流的生長規律，可以便於進行髮型設計。

因種族的不同，毛髮的外形也存在一定的差異，黃種人的頭髮是直的，圓柱形，較粗，其橫切面為圓形，呈黃色；而白種人發的形態變化較大，可以是直的，也可以是波浪狀，橫切面為卵圓形，顏色有黑色、金黃色或白色；黑種人發捲曲較細，黑色，橫切面呈卵圓形，但一邊為平邊，其毛小皮明顯的扭曲，易因外界因素而受到損傷。

毛髮的曲直與毛囊的形態相關。若毛囊呈圓筒狀，那麼長出的頭髮就是直的；若毛囊的形狀是橢圓或卵圓形的，那麼長出的發呈波浪狀或捲曲狀。此外，毛球的不規則生長也與頭髮波浪狀的形成有關。

人為何會有髮旋

人為什麼會有髮旋呢？原因非常奇妙，這其實與地球的自轉和公轉有一定的關係。

胎兒在尚未出生，即還在母親的肚子中時，為了便於出來，在出生前往往已放好了自己的方位，即頭朝向母親的陰道口。也就是說，胎兒為了更容易出生，在母親站立的時候，頭的生長方向是向下的，於是，孩子的光子資訊是按照環境的光

子資訊旋轉。北半球出生的孩子在離開母體以前按照逆時針旋轉，而南半球出生的孩子在離開母體以前按照順時針方向旋轉。但在孩子長大後像大人一樣站立行走時，這個人的光子資訊旋轉方向就變得與出生以前相反了。即人在站立的時候，自己的光子資訊旋轉方向與環境的光子資訊恰好相反，人類的光子資訊旋轉方向與環境光子資訊旋轉方向是恰好相反的。可以這樣理解，動物之中只有人類的思想與環境「意識」不同，這是說，自然界讓我們向東走，其他動物可能會向東，而人類卻總是與自然界的安排相反，會向西走。在所有動物中，也只有人類能用與自然界逆向的思維去想問題，這也是人類能走出自然的本質。

　　科學家們發現，人類從動物轉變成人類歷經了重要的幾個步驟：勞動、群體生活、直立行走等。其中，直立行走是人類從動物變成人類的關鍵一步，它讓人從出生前與出生後的光子資訊旋轉方向不同，讓人具有不同的思想，不完全依照自然界的思維去行事，進入社會生活，並最終成為人類。人類頭旋的旋轉方向就是它的證明。所有人都有頭旋，而頭旋的方向代表著人體的光子資訊旋轉方向，因為人的頭髮在生長也相當於一個生命在生長，一根頭髮也有自己的生命，它可以代表起關於人體的全部資訊。而頭髮在生長的過程中，也是按照自身的光子資訊旋轉方向進行生長的，所以頭旋的旋轉方向代表了人體的光子資訊旋轉方向。

　　據此可知，人在出生以前，光子資訊逆時針旋轉，出生以後，光子資訊則變成順時針旋轉。因此北半球出生的人，它的頭旋多數是順時針方向旋轉。只有一少部分出生可能是逆時針旋轉的，因為他們在母體內是頭向上生長的，離開母體以後，自己的光子資訊沒有發生變化，這是他們的頭旋方向逆時針的原因。

髮旋與性格的關係

　　一般來說，自己的光子資訊旋轉方向與環境的方向相同，就往往可以理解為自己的思想與環境是相通，是順其自然生活的，它的思想沒有太多特別之處。我們知道，科學家們的思想往往是與眾不同的，那麼科學家的光子資訊旋轉方向常常與環境光子資訊旋轉方向不同，所以科學家們的頭旋順時針生長的比例會更高。不過，在南半球出生成長的科學家，他們的頭旋多數都呈逆時針方向。

　　頭旋與眾不同的人，即通常說的胎位不正 —— 頭向上、屁股向下 —— 的孩子，出生後對自然語言的感知能力更強，對事物的預測能力也往往更強。也就是說，頭旋旋轉方向與眾不同的人，他對自然界語言的理解會更容易些。

　　地球自轉角速度方向是指向北極星的方位，因此，在北半球出生的人，出生以前光子資訊逆時針旋轉，出生後頭向上生長，光子資訊就變成順時針了。即，在北半球出生的人，順時針旋轉的光子資訊多，而逆時針旋轉的光子資訊相對較少，尤

其是總體資訊表達也是這樣，頭旋的方向也都是順時針較多，逆時針旋轉較少。它們互有利弊，對頭旋是順時針的人，由於自己的光子資訊與環境光子資訊的旋轉方向相反，故善於逆向思考，學習知識也更輕鬆；而對於頭旋是逆時針的人，由於自己的光子資訊與環境光子資訊旋轉方向相同，因此直覺要更占優勢，身體也會往往更強健。換句話說，頭旋逆時針旋轉的人，其理性學習稍差一些，但體能會相對較好。

相關連結 —— 頭髮的顏色與健康

中醫指出：「腎其華在髮，發又為血之所餘，血盛則發潤，血虧則發枯。」翻譯成白話就是，腎與血、發之間聯繫密切，頭髮的生長、脫落、潤澤、枯槁等，都與人的腎及氣血有密切關係。除個別是遺傳所致外，女性的頭髮脫落多數為非正常脫髮，通常發生在產後，從懷孕、產後到哺乳都會使女性氣血不足，從而引起大量脫髮。此時應以補血為主，平時多吃些當歸、何首烏、紅棗等補血之物。

生活中，男性多受到脫髮的困擾。中醫認為，精與血是同源的，因此男子脫髮多與腎精有關。一個人太早出現禿頂，大多都是因為精神壓力過大。平時只要保持心情愉快，注意減輕壓力，脫髮症狀也會很快消除。

進入中老年期後，頭髮就會慢慢變白，中醫認為是因肝血不足、腎氣變虛所致。青壯年甚至少年長白髮俗稱「少白頭」，

主要是因為血熱內蘊、多憂慮、精神緊張。老年人脫髮,則符合正常的生理發展規律。如果太過嚴重,多半是氣血虧虛所致,應傾向於補肝補腎了。

人為什麼會感到疼痛

有這麼一個故事,一位大師在寺裡即將被大火燒死時,還坦然自若的念道:「安禪不需山與水,心如死灰火也涼」,之後從容死去。

還有一個老師傅叫玄峰,腹部長了一個已化膿的很大的腫塊,醫生診斷後為了避免危險,認為應該做手術,於是將他帶到城裡,但不巧的是,醫藥的麻醉藥用完了。玄峰師父就說:「我不需要麻醉,待我入定後就開始吧。」於是麻藥直到手術結束也沒用,而手術過程中玄峰師父連眼皮也未眨一下。

像這樣可以忍受疼痛的人在生活中畢竟只是少數,我們身體的某些部位,像割破手指、扭傷腳等,這時我們便會有疼痛的感覺。不過可能很少有人會去想:我們為什麼會感到疼痛?

疼痛為哪般

古人曾爭論過疼痛在心還是在腦,直到現在才知道,痛是由腦感知的。我們的身體部位受到損傷時就會向大腦傳遞刺激訊號。而大腦接收到來自外界的刺激訊號後,神經末梢或專門進行疼痛訊號傳送的傷害感受器會受到刺激,一些特殊的神經

纖維就會活躍起來，沿著脊髓疼痛資訊可以傳達到大腦。大腦隨後就會對此做出反應，產生類似於嗎啡的物質──腦啡肽或內啡肽，用以鎮痛。這些抑制性物質會阻止疼痛資訊再次被傳送到脊髓。但是，當疼痛的刺激因此而變得遲緩時，大腦也就不會再產生抑制性物質，這個時候，我們就在開始真切的感覺到了疼痛。

那麼，如果腦子根本沒有經歷過疼痛的刺激呢？一隻狗如果一直處於隔離狀態下，從出生以後就未經歷過任何疼痛，那麼牠就會有與眾不同忍受疼痛的能力，比如鼻子碰到燃燒的火柴也不會馬上跑開，比起在正常環境下飼養的狗，牠要有著更多的「忍痛」能力。

巴夫洛夫進一步透過實驗證明：動物在飢餓時為了獲得身體所必須的食物，哪怕是經受電擊、經受燒灼的痛苦也在所不惜。因為大腦會告訴牠們，這時比起疼痛來，食物更重要，因此牠們也就不怕痛了。

疼痛是怎樣自我緩解的

在我們神情專注或其他特殊情況下，有時候即使身體部位有損傷也感覺不到痛，這是什麼原因呢？

國際流傳一種「閘門控制」的理論。根據這種理論，神經系統只能處理有限的資訊，這中間相對於有一道「閘門」，可以拒絕過多的資訊。比如：你的腳趾踢痛了，你用手去撫摩幾下，這種疼痛和撫摩的感覺就到了「閘門」那裡，並「合二為一」的

透過了。此時，你感受到的既有疼痛，又有撫摩的快感，與剛才全是疼痛的感覺相比，你就會覺得撫摩以後痛的程度輕多了。

但是，這種「閘門控制」也沒有能解釋的盡善盡美。「幻肢痛」就是一個未解之謎。據統計，將近百分之三十切去肢體的的人都有過或輕或重的「幻肢痛」現象，這種現象甚至在許多年後還無法消除。一九九五年，一封讀者求醫的信件在一家報紙刊出，稱他母親因工傷絞斷右臂達三十多年之久，可至今患處都疼痛不止。

為什麼在截肢、斷臂之後截肢、斷臂者仍感肢體存在且有疼痛的感覺呢？美國的一位科學家對此在一九九六年曾表論文指出，因為肢體被截後，大腦中感知該肢體的訊號就會發生轉移，鄰近的感知訊號與之混合，因而兩種感覺能被同時感知到。至於為什麼會有疼痛，很可能是因為過去腦子留下的對切肢之痛的「印象」太深刻了。

不同人對疼痛的感知

不同的人對同等程度的疼痛刺激的感受是不同的。一般說來，女性比男性怕痛。根據有關的研究資料，除了大腿骨部外，人體各部位都是女性比男性怕痛。當然，女子更怕痛的原因或許是因為女性纖細柔弱，更可能是由於女性以「弱者」自居，不以喊痛為恥。但「男子漢大丈夫」們卻要逞英雄，即使疼痛難忍也不肯輕易叫痛。美洲的印第安年輕男子常用鉤子穿過自己的皮膚，把自己吊起來，並以此為娛樂方式，引以為榮。

此時他們還談笑自若，似無痛感，但恐怕事實並不如此。

疼痛長期以來都是醫學界唯一難以定義而又不能客觀測量的病症。但科學家相信，對疼痛的研究將在疼痛是否與性格有關，是否有疼痛記憶、如何測定疼痛程度等方面。讓我們對新的研究成果拭目以待吧。

相關連結 —— 腰痠背痛並非因為缺鈣

腰痠背痛在現代快節奏的生活中已成為人們最常見的疾病，很多人都認為腰痠背痛是因為缺鈣。其實不然，其罪魁禍首是長時間處於坐臥狀態、缺乏運動。

坐、站立、躺臥或運動時的姿勢不良，都會使肌肉長時間處於緊張狀態，韌帶鬆弛或過度緊繃，最終引起腰背處肌肉疲勞，發生腰背肌肉疼痛的現象。可能剛開始還感覺不到，工作越久就越感到酸痛，但往往又不知道疼在何處。另外，腰臀部位的肌筋膜可能也會因為姿勢不良而受到傷害。

如果想要預防腰痠背痛的發生，首先就應改善坐姿。工作時的椅子最好舒適、高矮適中，加個靠背就更好了，這樣可以讓腰背部得以支撐，並維持正確姿勢。每工作一小時左右，就站起來活動伸展一下身體，可使腰背部的緊張狀態得到有效的緩解，避免腰背疼痛的發生。長時間搭乘交通工具時，可使用小枕頭或者特製腰圍、束腹來支撐脊椎與腹部，以減輕腰背肌肉的疲勞程度。

當然適當的補充一些鈣質可以加強骨骼強韌度，也有助於減少腰痠背痛出現的可能性。

人體的酸鹼性

人體自身存在著三大平衡系統，即體溫平衡、營養平衡和酸鹼平衡。其中，人體體液的酸鹼度維持在 pH 值 7.35 至 7.45 之間叫做酸鹼平衡。也就是說，健康的內環境是呈弱鹼性的。當體體質為弱鹼性時，身體會感覺良好；而如果體內呈酸性，人就會經常感到疲倦，時時覺得不舒服。由於肉食、油膩等飲食習慣，現代人體質大多偏酸。美國醫學家、諾貝爾獎獲得者雷翁教授認為，作為百病之源。酸性物質在體內越來越多時，會引起質變，產生疾病。

一般初生嬰兒屬弱鹼性體液，但隨著年紀成長，隨著體外環境汙染及體內不正常生活及飲食習慣等，體質逐漸轉為酸性。人的體液（包括血液）中鹼性含量呈下降趨勢，標誌著酸化程度，酸化也就意味著越來越老化。

酸性體質對人體的影響

和其他任何液體一樣，人的體液都有酸鹼之分。細胞作為人體的基本單位，對體液酸鹼度有著十分苛刻的要求，大致在 7.3 左右，但一般因年齡、地域、人種的不同而有所差異。細胞只有在弱鹼性的體液環境下才能正常工作，運轉生命的活力。但是，細胞的正常生理功能會在體液酸鹼度超出細胞容忍範圍

後難以為繼，細胞機能的缺失就會損害器官和組織功能，從而引發困擾現代人的內源性疾病。對於細胞而言，體液的酸化就像把一個習慣在平原地區作業的人突然調到青藏高原工作，必然影響其工作的效能。這就是淺顯的酸鹼度為何影響健康的原理。

以糖尿病病理為例，胰臟細胞本身在得病時並沒有發生病變，但是胰臟細胞的生存環境在血液和體液變酸之後，會產生極大改變，因此也會影響胰島素的效率，形成糖尿病。經過多年研究，日本大學學家得出了這樣一個結論：人體的體液 pH 值每降低 0.1 個單位，胰島素的效率就下降百分之三十。

日本著名醫學博士柳澤文正還曾做過這樣一個實驗：抽血檢查一百個癌症患者，結果一百個癌症患者的血液都呈酸性，也就是酸性體質。新的研究證實，幾乎所有 SARS 病人的體液也都是酸性的。

此外，酸鹼度對人智商也有決定性的影響。在體液酸鹼度允許的範圍內，酸性偏高者智商較低，鹼性偏高則智商較高。國外科學家測試了數四十二名六至十三歲的男孩，結果表明，大腦皮層中的體液 pH 值大於 7.0 的孩子，比小於 7.0 的孩子的智商高出一倍之多。他們將人體酸鹼度稱為智商的「化學標記」。

近年各方的研究結果也顯示，人體體液的偏酸可能是由先天性缺陷或遺傳的原因導致的，並引起上述內源性疾病，但這

個比例很小；更主要的致病原因還在於人類生存內外環境的改變。而其中人們生活中的食物資源豐富以及飲食結構改變是產生內源性疾病的主要因素之一。

食物酸鹼性對人體的影響

大部分人認為，吃起來酸的食物就是酸性的。其實，食物的酸鹼性並不是用簡單的味覺來判定的。

所謂食物的酸鹼性，是指食物中的礦物質的酸鹼性。食物的酸鹼性因食物中所含礦物質的種類和含量多少的比率而定，鉀、鈉、鈣、鎂、鐵等，進入人體之後呈現的就是鹼性反應；而磷、氯、硫等，進入人體之後則呈現酸性。科學表明，鹼性食物的攝取可以使體液趨鹼，而酸性食物則可以使體液變酸。

一般來講，幾乎所有的蔬菜都是鹼性食品，水果、果仁、牛奶處於中性，穀物、油脂處於中性偏酸。絕大多數肉類、精細加工的食品都屬於酸性食品。按食物對體液酸鹼濃度趨向鹼性的貢獻，可以這樣排列：蔬菜 ＞ 水果、奶及乳製品 ＞ 穀物、油脂 ＞ 肉類。合理的酸鹼飲食的攝取比應該為一比三，現代人亞健康人群的大量增加，就是因為攝入的酸性食品過多。

除了食物，飲用水對人體的酸鹼度也有很大影響。飲用弱鹼性的水可以使人體血液維持在健康的弱鹼狀態，酸性水則有可能加速人體的「酸化」。

飲用水要喝飲用天然水，不要喝純淨水和礦物質水，因為飲用天然水是弱鹼性的，純淨水和礦物質水是酸性的飲用天

然水。以優質水源為原料生產，其中含有天然的鉀、鈣、鈉、鎂、鐵等人體必需礦物元素，因此 pH 值在 7.3 左右，吸收之後，可以對人體體液的呈鹼性貢獻。

而在加工純淨水過程中，透過去離子、離子交換或反滲透等淨化手段，水中的礦物陽離子可以被全部去除，但卻會保留硫、磷等陰離子，因此呈現的是酸性，一般 pH 值為 6.0 或更低，已比人體死亡狀態下的 pH 值更低。

因為它是在酸性的純淨水基礎上添加的，而且人工添加的含氯化鉀、硫酸鎂等礦化液也是酸性，所以儘管礦物質水人工添加了礦物質，含有了鉀、鈣、鈉、鎂等礦物陽離子，但依舊是酸性的，這些酸性的人工礦化液在水中分解，產生了鉀、鈣、鈉、鎂、鐵，也產生大量氯離子和硫酸根離子，且這些酸性離子占據主導量地位，因此在酸度上礦物質水可能比純淨水更低。

總之，人體保持健康的核心要素是盡量減少酸性代謝物的影響，而飲食是影響體液酸鹼的最重要因素，任何一餐不健康的飲食對人體的影響都會表現在日後的生命過程中。所以，日常的飲食上應注意搭配酸鹼食物，以保證每餐的食物總體對人體體液產生趨向鹼性的作用。

此外，維持人體酸鹼平衡的重要手段還有很多，比如運動出汗、生活規律等。

延伸閱讀 —— 人體酸鹼度測試

下面這個簡單的測試，可以幫助你判斷自己的體質是酸性的還是鹼性的：

（1）經常感到疲勞、嗜睡；步伐緩慢、動作遲緩；上下樓梯容易氣喘；

（2）即使沒做什麼重體力勞動，也會感覺渾身酸痛，很難恢復過來；

（3）記憶力衰退，注意力不集中；

（4）經常在外就餐；愛吃肉類、魚類，較少進食蔬菜、水果；

（5）亞健康、易感冒、免疫力低下；易生口腔潰瘍；牙齦易出血；傷口易化膿；

（6）抽菸飲酒，生活不規律；

（7）皮膚無光澤，容易生痘及生出其他不明物；

（8）香港腳，或身上容易長濕疹、過敏；

（9）憂鬱、焦慮，脾氣暴躁、易發怒；

（10）胃腸功能失調；便祕、口臭；容易發胖、下腹突出；

（11）有高血壓、高血脂、脂肪肝、糖尿病、痛風、腎臟病、尿頻尿急等病狀；

（12）夏天容易被蚊蟲叮咬。

如果這個測試符合五個條件以上，那麼你的體質較偏向酸性。

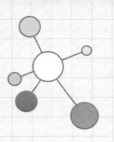

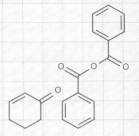

神祕的物理現象

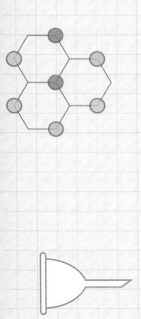

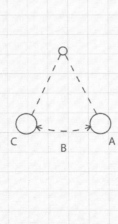

宇宙中的第五種力

所謂第五種力，就是第五種基本作用力的簡稱。直至目前為止，第五種力的客觀性並沒有得到驗證和承認，還只是人們的一種猜想和臆斷。在科學理論體系中，目前在自然界中發現存在著四種基本作用力，即電磁力、萬有引力、強力和弱力。

四種力之外的另一種力

早在十七世紀，義大利物理學家伽利略就曾在比薩斜塔上做過一次實驗，意義十分深遠：兩個重量不等的鐵球從同一高度自由下落後同時著地。由此他得出結論：任何一種物體，如果在真空中自由下落，不論是一個鐵球還是一根羽毛，其加速度必然是一樣的，因而也肯定同時落地。這一觀點對物理學家牛頓總結出關於力的運動的三大定律起了直接的推動作用；愛因斯坦的相對論也在這一基礎上提出來了。

然而，如今多年來這個百攻不破的真理，卻遭到了嚴重挑戰。一個以美國物理學家費希巴赫為首的科研小組經實驗發現，在真空中不同質量的物體實際上並不具相同的加速度。費希巴赫推測，物體在下落時除了受重力的作用外，很有可能還受到另一種尚不為人所知的作用。

迄今為止，在宇宙中公認存在著四種力，第一種是重力，它是四種力中最弱的一種，是一個物體或一個粒子對於另一個物體或一個粒子的吸引；第二種力叫做電磁力，由於它的作用，

形成了不同的原子結構和光的運動；第三種是強相互作用力，它把原子核內各個粒子緊緊的吸引在一起；第四種是弱相互作用力，它使物體產生某種輻射。

然而按費希巴赫的看法，現在新發現的這種力應該是宇宙中的第五種力，而且是一種排斥力，只具有幾英尺到幾千英尺的有限距離。從實驗可推斷，這可能是以一種「超電荷」形式出現的，「超電荷」可以抵消一部分重力，減緩下落物體的加速度。質子和中子的比例決定了減速的值，而且這個值和質子、中子總數加上結合能值即原子的總質量成反比。由於隨原子的不同，結合能會有不同的大小，所以它所產生的這第五種力也就隨結合能大小而異。由此可以得出：兩個體積不同的物體，比如一個體積較小的鐵塊和一個體積較大的木塊，即使它們的重量完全相同，也將因為它們結合能的不同而以稍微不同的速度下落。由於鐵原子的結合能要比木原子的結合能大，所以鐵塊下落的速度要比木塊的稍慢。

對第五種力的爭論

費希巴赫小組的新發現，在科學界引起了巨大的轟動，對於是否存在第五種力，科學家們也展開了激烈的爭論。

在進行各種有關重力的實驗時，許多科學家也同樣遇到了無法單純以重力解釋的現象，因此，這些科學家提出支持費希巴赫的證據。

但是，也有不少科學家堅持認為在自己的實驗中並沒有找

到存在新力的證據。美國加利福尼亞大學著名物理學家紐曼就做過這樣一個實驗：在扭秤上懸掛一塊銅塊，把扭秤放在一個鋼的圓筒內，銅塊剛好處於圓筒中心靠邊的位置，將它變換不同的位置。整個實驗是在真空環境中並且嚴格排除磁場的影響下進行的。結果顯示，鋼圓筒的重力並沒有使變動位置的銅塊所受的重力產生任何影響。

面對科學家們的爭論，費希巴赫也承認，還需要進行一系列的實驗來證明第五種力是否確實存在。而眾多科學家也都摩拳擦掌的為尋找這種神祕的力準備進一步的實驗。比如說美國科羅拉多州的實驗物理聯合研究所就有重做伽利略的落體實驗的計畫，他們採用了雷射來監測物體下落的速度。他們準備把下落物體放在上個盒子的真空軸內，以免在實驗時受氣流干擾；盒子下面再裝一面反射鏡，可將光線沿射來的方向反射回去。為了確保在下落時盒子及所裝的各種物體保持相對穩定，盒子中還另有裝置。一束雷射在物體下落時可以被分割為二半，一半射向盒子，被反射回來，與另一半會合，產生出各種投影，這樣就能夠更加準確的描繪出在速度增加時一個下落物體所受到的各種干擾情況。他們的下一步打算是在在水面上進行實驗，讓要進行比較的實驗物體浮游在水面，而不是懸在扭秤上。還要嚴格使水溫保持在其密度量大時的三度，以防止水中熱的流動。

然而對於上述試圖證明宇宙中存在新力的實驗設想，許多

科學家並不感到樂觀。美國普林頓大學的一位科學家指出，證明伽利略論斷的實驗「在原則上是最簡單的，但在實踐中卻是最複雜的。」因為在實驗中人們很難照顧到全部複雜的因素，以及排除各種外部的干擾。做實驗時，實驗者本人重力的影響，近處底層發生一次難以察覺的運動，都可能使精心準備的各種方案功虧一簣。

此外，對於第五種力，科學家在可能帶來的影響的估計上也沒有形成共識。多數人認為，這可以動搖愛因斯坦相對論的理論基礎，將是物理學上的一次「革命」，而且可能影響今後的物理學發展方向及新興的航太學。但也有人認為，充其量這種力只是一種極其微弱、只在局部範圍起作用的現象，並不一定動搖相對論。而結果還要等到這第五種力真的發現了才好判斷。

相關連結 —— 反重力之謎

強度隨距離平方而減少的場有兩種，一種是電磁場，一種是重力場。這種減少比較緩慢，所以就算很遠的地方，也能發現這兩種場的存在。地球被太陽的重力場緊緊的抓住不放，雖然它離開太陽有一億五千公里遠。

但是，在這兩種場當中，重力場又比電磁場弱很多。一個電子所產生的電磁場要比它所產生的重力場大約強四億億億億倍。似乎表面上看重力場更強大，比如我們從高處跌落下來時會摔得很疼，這種巨大的重力只是因為地球太大了。由於地球

的每個小塊都對重力場有貢獻，一點點加起來，總的重力場就顯得可觀了。

如果我們拿出一億個電子，並讓它們散布在地球那麼大的空間裡。這些電子就會產生和整個巨大的地球所建立的重力場一樣強大的電磁場。

那麼我們對電磁場的感覺為什麼不像對重力場那樣明顯呢？這源於二者之間的區別，電荷有兩種 —— 正電荷和負電荷，因此，電磁場在產生吸引作用的同時，也可產生排斥作用。事實上，在像地球那麼大的體積內，如果除了一億個電子之外別無他物的話，這些電子就會互相排斥，遠遠的散開。電磁吸重力和排斥力的作用，能夠讓正電荷與負電荷均勻的混合起來，這樣兩種電荷的效應就趨於互相抵消，不過可能存在電荷數目的極其微小的差別。我們所研究的，也正是這種多一點或少一點某種電行時的電磁場。然而，重力場看來僅僅產生吸重力，每一種具有質量的物體都會吸引其他具有質量的物體，而當質量增加時，重力場就會增大，而且不會抵消。

如果某個具有質量的物體能排斥另一個具有質量的物體，而且正好與一般情況下彼此互相吸引時的強度和排斥方式一樣，那麼我們就得到了「反重力」，或叫「負重力」。

可能由於我們所能研究的一切物體都是由普通的物質微粒構成的緣故，人們還從未發現這種重力排斥作用。

世界上存在著一種各方面都與普通的粒子相同的「反粒

子」，它們所產生的電磁場恰好同普通粒子相反。例如：如果某一種粒子具有負電荷，相對的反粒子就會有正電荷。也許，反粒子也會具有相反的重力場。兩個反粒子會像兩個普通粒子一樣以重力互相吸引，但是一個反粒子卻會排斥一個普通粒子。

讓人抓狂的是，重力場太微弱了，要想發現重力場，需要相當大的質量，而單個粒子或反粒子的重力場是無法發現的。我們能得到普通粒子構成的大質量，但到現在仍未能搜羅到足夠的反粒子。而且到現在也沒有誰能夠提出一種能夠發現反重力效應的切實可行的辦法來。

真空的祕密

科學家葛利克在西元一六五四年曾做過一個名垂科學史的實驗：將用銅精製的兩個大半球對接密封起來，然後用他自己發明的抽氣機抽出球內空氣，派十六匹馬背向對拉兩個半球，馬最終竭盡全力才拉開。這表明，我們周圍充滿空氣，並非什麼都沒有，它對物體施加了壓力（球內空氣密度因抽氣遠於小地球外的，導致球外壓力遠大於球內的）。球內經抽氣後的空間，就叫做真空。

對真空的認識

人類對真空的認識曾經歷過幾次根本的變革和反覆。古希臘德謨克利特提出過原子論：所有的物質都是由原子組成的，

原子之外就是虛空。

十七世紀，又有了笛卡爾的乙太漩渦說，他認為空間充滿了乙太，並用以說明行星的運動。

不久以後，牛頓又透過建立牛頓力學（以運動三定律和萬有引力定律為基石）成功的解決了行星繞日運動的問題，認為重力也是超距作用的，無需乙太作為傳遞媒介，這就從根本上證明了乙太論的錯誤。

十九世紀又發現了光的波動性，從而得出波的傳播必須依靠介質的結論；後來乙太論在發現電磁場的波動性後再度興起，認為不論何時何地宇宙中任何物體內都充滿乙太，光和電磁波被解釋為乙太的機械振動。後來在觀念上雖然有所變化 —— 把光和電磁波看成電磁場的振動，但乙太仍然保留著某種絕對的性質，它被看作是描述萬物運動的絕對靜止的參考系。

十九世紀末二十世紀初期，各種試圖探測地球相對於乙太運動速度的實驗都失敗了，到愛因斯坦建立狹義相對論，這種作為絕對靜止乙太的存在才被再次否定了。後來由於愛因斯坦在用場論觀點研究重力現象時，已經認識到空無一物的真空觀念是有問題的，他曾提出真空是重力場的某種特殊狀態的想法。

狄拉克首先了給予真空嶄新物理內容。他於一九三〇年提出了真空是充滿負能態的電子海。電子海中只有當負能態的電子吸收了足夠的能量躍遷到正能態成為普通電子時，才會留下可觀測的空穴，即正電子。從體系的能量角度來說，這種情

況比只有電子海的真空狀態要高，因此真空就是能量最低的狀態。從現代量子場論的觀點看，每種粒子對應於一種量子場，粒子就是對應的場量子化的場量子。空間存在某種粒子就表明那種量子場處於激發態；反之就意味著場處於基態。因此，真空是沒有任何場量子被激發的狀態，或者說真空是量子場系統的基態。

近代科學家開始透過實驗來檢驗關於真空的認識。例如氫原子能級的蘭姆移位和電子的反常磁矩，實驗上已經用非常高的精度證實了真空極化的效應；高能正負電子對撞湮沒為高能光子，反之高能光子可使真空激發出大量的粒子，也能很好的證明這一點。

不過，目前物理學家還在探索真空自發破缺和真空相變等問題，對於真空的認識還處於初級探索階段。

真空的特性

也許有人認為，真空就是完全空的。其實真空既不是意味著空，也不意味著就是「無」。科學家直至今天依然不能完全排除空氣，即使是某一小範圍內的。電視機映像管需要高真空才能保證影像清晰，其內真空度達到幾十億分之一個大氣壓，即其內一立方公分大小的空間仍有好幾百億個空氣分子。為防止加速的基本粒子與管道中的空氣分子碰撞而損失能量，在高能加速器上，需要管道保持幾億億分之一個大氣壓的超高真空，但即使是這樣的空間，一立方公分內仍有近千個空氣分子。太

空實驗室是高度真空的，每立方公分的空間也有幾個空氣分子。

上述以抽出空氣方式得到的真空，稱為技術真空，但它也不空。科學家稱完全沒有任何實物粒子存在的真空，即技術真空的極限，為「物理真空」。它非但不空，而且極為複雜。按照狄拉克的觀點，它是一個填滿了負電子的海洋。

新知博覽 —— 反粒子現象

粒子是在原子核以下層次物質的單獨形態以及輕子和光子的統稱。在歷史上，有些粒子曾被稱為基本粒子。

所有的粒子都有與其質量、壽命、自旋、同位旋相同，但電荷、重子數、輕子數、奇異數等量子數異號的粒子存在，這種粒子就被稱為該種粒子的反粒子。除了某些中性玻色子外，粒子與反粒子是兩種不同的粒子。一切粒子都有其相對的反粒子，如質子 p 的反粒子是反質子，電子 e- 的反粒子是正電子 e+，中子 n 的反粒子是反中子。而一些中性玻色子如光子、π0 介子等，其反粒子就是它們本身。

狄拉克於一九二八年在預言正電子時最早提出反粒子，一九三二年又被安德森實驗發現而證實；美國物理學家張伯倫於一九五六年，在勞倫斯 —— 柏克萊國家實驗室又發現了反質子。進一步研究發現，狄拉克的空穴理論不能解釋所有粒子和反粒子，因為它對玻色子不適用。根據量子場論，粒子被看作是場的激發態，而反粒子就是這種激發態對應的複共軛激發態。

正反粒子是從場論的觀點來認識的，場的激發態表現為粒子；與之對應，場的複共軛激發態表現為反粒子。當 γ 光子的能量大於某種粒子靜能的兩倍時，在一定條件下就可產生正反粒子對；反之，正反粒子相遇便會湮沒並產生兩個光子或三個光子，遵從質量－能量守恆和動量守恆。

迄今為止，幾乎所有相對於強作用來說是比較穩定的粒子的反粒子都已被發現。如果反粒子按照通常粒子那樣結合起來，就形成了反原子；而由反原子構成的物質，就是反物質了。

光的神奇本質

人們對光的關注從人開始思考這個世界就開始了，因為我們就生活在光無處不在的世界中。在自然科學從宗教中分離開之前，人類對於光的本質的理解幾乎沒有進步，只是停留在對光的傳播、運用等形式上的理解層面。牛頓構建了經典物理學的大廈後，人類的科學思想得到突破，開始討論類似你「光是什麼？」的問題，並且基本上取得了理論上的成果。

牛頓的光實驗

西元一六六六年，當牛頓用數學公式表達出他的三個運動定律和萬有引力定律時，他同時也在用光做實驗。雨後彩虹具有炫目的色彩，光通過豪華裝飾燈的稜柱會產生各種顏色，這些都是人們所熟悉的現象。當時人們認為光是白色的，是天空

神祕的物理現象

中的什麼東西及玻璃中的物質給光添加了顏色。牛頓在晚些時候寫道：「在西元一六六六年，我做了一個玻璃三稜鏡，以展示這種光的現象。」

牛頓做的實驗非常簡單，但這之前沒有人想到去做這件事。牛頓將工作室的窗戶遮住，只留一個小洞讓很窄的一束光射進來，射進來的光是白色的。他再把他做好的三稜鏡放在光前。於是，在對面的牆上就出現了包含全部顏色的光譜。

然後，牛頓又採取了關鍵的一步。他拿來了兩塊木板，每塊木板上都有一個很小的洞。他將一塊木板放在三稜鏡和玻璃之間，使射到三稜鏡上的光束更窄。另一塊木板放在三稜鏡和牆之間，只讓一種顏色的光透過木板上的小洞射到牆上。然後，他把第二塊三稜鏡放在第二塊木板的小洞前，發現只有單種顏色的光射到牆上。第二塊三稜鏡並不改變光的顏色。他對光譜中的每種顏色逐一進行了檢驗，發現每次透過第二塊三稜鏡的光都不改變顏色。這樣，顏色就不在三稜鏡之中，而在光自身之中，否則第二塊三稜鏡應產生所有的顏色，而不應僅僅是一種顏色。光不是白色的，它實際上包含了彩虹中的所有顏色，當光經過三稜鏡或被反射之後，各種顏色的光就顯現出來。最後人們明白了，天空中的小雨滴在某種情況下具有了三稜鏡的作用，使光發生折射，從而產生炫目的彩虹。

後來，牛頓又做了另外一個實驗，用第二塊三稜鏡將各種顏色的光合成白色光。這個實驗記錄在他西元一七〇四年出版

的《光學》書中。在明白了自然光的組成之後，牛頓開始解決影響顯微鏡和望遠鏡的一個問題。不管用顯微鏡還是望遠鏡進行觀測時，在邊緣都會出現彩色條紋，使被觀測的像模糊不清。當放大率增大時，這個問題越發嚴重。在西元一六六八年，牛頓用凹面鏡設計了一個望遠鏡，因為這樣的鏡面反射光，而不像透鏡那樣使光分解或折射光，因而消除了彩色條紋。由於這個原因以及鏡子比透鏡更便宜、更宜安裝，所以今天的許多大型反射望遠鏡都緣於牛頓最初的設計。

科學家對光速的研究

牛頓也曾提出，光由他稱為「微粒」的東西組成，比如血液中的細胞，四處噴射。這個觀念被廣泛接受，儘管在之後的兩百多年中這種粒子的性質並沒有得到進一步的說明。與此同時，丹麥天文學家羅默於西元一六七六年發現了另一件事。

自古以來，人們一直認為光速是無窮大的，但羅默在巴黎天文台觀測木星的第一個衛星的星食時發現，這個衛星並不在預定的時間運行到木星的後面。並且，木星離地球越遠，觀測到的星食時間會越遲；木星離地球越近，觀測到的時間會越早。這意味著光速是有限的。

光是白的，儘管它包含多種顏色的光。光以有限的速度傳播，儘管這個速度很快，接近聲速的一百萬倍。光似乎由粒子組成。這些是人們在十八世紀初就得到了的共識，之後的兩百年間並沒有多大的發展。

神祕的物理現象

　　愛因斯坦在他一九○五年關於狹義相對論的文章中，處理了光的另一個方面 —— 光速。狹義相對論認為，不管一個觀測者以很高的速度接近光源還是遠離光源，對觀測者而言，光速都相同。這種情況下會發生一些奇怪的事情。在觀測者的參考中，長度將縮減，時間將延長，質量將增加。在通常的速度下，這些效應並不發生，牛頓定律仍然適用。但當速度接近光速時，就要考慮時間延長這樣的效應了。當太空船以光速或更高的速度飛行時，那麼太空船上的時間將停止，太空船的長度將縮到零，它的質量將變成無窮大。所以，任何東西實際上都不能達到或超過光速。

　　愛因斯坦發展的關於光的新觀念同樣讓物理學家頭疼不已。光像重力一樣，曾被認為在乙太中傳播。西元一八八九年，邁克耳孫和莫雷所做的關於光速的實驗結果說明並不存在乙太，這就意味著光和重力以另外的方式傳播。這是一個結果與初衷完全相反的實驗。邁克耳孫，一個四年前剛從美國海軍學院畢業的有才氣的年輕人，和莫雷，一個非常傑出的化學家，只是想證明存在乙太。邁克耳孫設計了一個光學干涉儀，同時發射兩束光，一束穿過所謂的「乙太」，另一束則方向與此垂直。由於波是有方向的，所以乙太也應有一個方向。這樣，與乙太方向相同的光束，和與乙太方向垂直的光束的執行時間會有一個差別。這就像與海浪方向一致的船，比與海浪方向垂直的船運行得更快一樣。而實驗結果卻是毫無差別。

乙太的不存在為普朗克、愛因斯坦和量子理論鋪平了道路。波動理論正遭受著挫折，也許所有的東西都是粒子的。然而，並非所有的物理學家都情願放棄波。因為光具有反射和折射現象，聲波、水波有反射和折射現象，因而光是一種波。這樣的論斷讓人難以反駁。

另一方面，隨著二十世紀檢驗量子理論技術條件的成熟，一個又一個多年前就被預言存在的粒子在實驗中被發現。量子理論成為一個非常成功的理論，這些也讓人難以反駁。於是人們越來越接受兩種情況同時存在的觀念，這反映在光子的定義中。比如一九九八年的科學百科是這樣定義的：「在物理學中，光及其他的電磁波發出的基本粒子或能量量子，既具有粒子性質，又具有波的性質。」

光究竟是波還是粒子？

那麼，光什麼時候是波？什麼時候是粒子呢？一般而言，當光透過真空時可被認為是波，當它遇到其他物體表面時可被認為是粒子。天文學家利用光波的性質決定紅移，從而判定一個恆星或星系離地球有多遠。涉及到雷射時則需要運用光的量子定義，許多物理學家對這種處理方法都深深的不滿。這種處理流行的原因是因為它具有較大的寬容度。一個科學家可以說光更像波，與此同時，另一個科學家可以說光更像粒子。這依賴於科學家所從事研究的性質，他們都可以是對的。這讓物理學家多少有些不自在，有時他們希望這個問題能立即得到解

決，這對於在學校中學習物理的年輕人會很有幫助。否則，可能你在高中學到了光是波，而在大學裡又發現光是粒子。

在二十世紀，人們做了關於光的各種各樣的實驗，有些是非常著名的科學家做的，結果表明光既是波，又是粒子。實驗的結構可以改變結果，而各種實驗本身都是正確的。這反映了基本的量子悖論。

光是波呢，還是粒子？牛頓沒有解決，愛因斯坦沒有解決，我們能夠解決嗎？

相關連結 —— 超光粒子

光的傳播速度為每秒三十萬公里。如果要說得精確，光速每秒為 299792.458 公里，這是光在真空中的傳播速度，這個速度相當於每秒繞地球七圈半。

無論是在地球上靜止測量，還是在太空船中運動測量，光速測定的數值都是不變的。也就是說，光速不受光源的影響，也不受觀察者運動速度的影響，它是個絕對值。愛因斯坦的相對論也告訴我們，光速是最大的速度，任何物質運動的速度都不能超過光速。事實也證明，在地球上，在我們日常生活中，的確找不到有比光速更快的運動物體。問題是，在地球上沒有，不等於說在茫茫宇宙中也不存在。在基本粒子世界裡，會不會有超光速現象呢？

物理知識告訴人們，高能粒子運動的速度是極快的，在高

能加速器中，運動速度可以達到每秒二十萬公里，甚至二十五萬公里，那麼其中會不會出現超光速的粒子呢？

前蘇聯科學家契倫可夫發現，光在水中的傳播速度要比在真空中慢，而高能粒子在水中的速度卻超過光速。這一現象後來也被其他科學家所證實。這一現象使人們認為，在自然界中存在超光速的粒子——「快子」。

天文學家在二十世紀又有了重大發現，即類星體的發現。對類星體進行觀察，發現存在超光速現象。開始發現一個叫3C120 的類星體，它在膨脹，而且膨脹的速度是光速的四倍。在遙遠的宇宙深處，竟有這種奇怪的現象。後來還發現有的類星體包括兩個射電的子源，兩個子源以極高的速度分離。類星體 3C345 的分離速度是光速的七倍。經過觀測，科學家最終確定了這一事實。另一種類星體的兩個子源的分離速度竟是光速的十倍。面對這個事實，物理學家和天文學家都提出了不同的解釋。有人認為愛因斯坦的相對論絕對正確，認為類星體觀測到的超光速現象只是一種假象，稱作視超光速膨脹。也就是說，看起來超光速，實際上不超光速。而另一些科學家則認為，只要類星體處在很遙遠的宇宙深處，那麼類星體的分離速度的確是超光速的。

不論哪種解釋，都有不完善之處，因此，超光速現象還是一種猜測，超光粒子還在尋找之中。

微中子的質量探索

　　奧地利物理學家包立認為，放射性物質在放射線中不僅有電子，同時還有一種我們尚未認識的粒子。就是這個神祕粒子帶走了那些遺失的能量。物理學家費曼對包立的觀點十分稱讚，他還給這個未露面的粒子取名為「微中子」，即中性的微小粒子。

誰捕捉到了微中子？

　　在研究放射物質時，科學家們注意到一個現象，原子核放出一個電子（或正電子）的時候，會帶走一些能量。經物理學家仔細計算，損失的能量比電子帶走的能量大，有部分能量遺失了。但不知道怎麼會遺失的。

　　這一現象，與物理學中的能量守恆定律相違背。難道能量守恆定律靠不住了？

　　奧地利物理學家包立經過研究之後，解釋說，放射性物質在放射線中，不僅有電子，同時還有一種我們尚未認識的粒子。就是這個神祕粒子帶走了那些遺失的能量。物理學家費米對包立的觀點十分稱讚，他還給這個未露面的粒子取名為「微中子」，即中性的微小粒子。但許多物理學家不相信微中子的存在。為了證明微中子的存在，必須捕捉到微中子。

　　於是，主張微中子存在的科學家設計了一套嚴密的捕捉方法。因為微中子是中性的，不帶電，不參與電磁作用，它又速

度極快，接近光速、穿透力極強，來無蹤去無影，這就大大增加了捕捉微中子的困難。從包立提出微中子的存在到真正捕捉到，這中間經過二十五年時間，可想而知其中的艱難程度。

首先提出《探索微中子的建議》的科學家是王淦昌院士。他在一九四二年設想了一個探測微中子的方法。他的這一建議後來為一位美國科學家所接受。透過實驗證實了遺失的能量的確是被微中子帶走了。經過十多年的不懈努力，一九五六年美國物理學家柯文和萊因斯向世界宣布他們捕捉到了微中子。

這兩位科學家做了一個很大的探測器，把它埋在一個核子反應爐的地下，而且埋得相當深。經過一個相當時間，他們終於測到了從核反應爐中放出來的微中子。這是物理學家首次透過實驗證實了微中子的存在，是很了不起的重大發現。不久，物理學家又捕捉到從宇宙空間射來的微中子。

微中子有質量嗎？

微中子是發現了，但是仍然留下許多難以解釋的謎。例如：讓科學家們感到奇怪的是微中子數量不夠，總是比預期的數量要少，而且這個「漏網」的數量還很大。為什麼物理學家不能全部捕捉到微中子呢？另一個不可思議的問題，是微中子的質量問題。質量，是粒子的重要性質。在所發現的粒子中，物理學家都可以測出它們的質量，也不存在什麼困難。唯有微中子的質量怎麼也定不下來。

美籍華裔科學家，諾貝爾物理學獎獲得者楊振寧和李政道

經過理論分析，認為微中子的質量是零，即沒有質量，所以，在真空中才以光速運動。但是，其他一些物理學家持懷疑態度。他們不相信微中子的質量是零，認為下的結論尚早，需科學實驗加以驗證。

到底微中子有沒有質量呢？前蘇聯和美國的物理學家進行了卓有成效的測定，他們測出了微中子的質量。但沒有多久，別的科學家重複他們的實驗時，測出來的質量數據又不一樣，很像是零。因此，這一結論又陷入困境之中。

而最近的物理研究又表明，微中子具有微小的質量。一九九八年，日本的超級神崗實驗以確鑿的證據發現微中子存在振盪現象，即一種微中子在飛行中可以變成另一種微中子，使幾十年來令人困惑不解的太陽微中子失蹤之謎和大氣微中子反常現象得到了合理的解釋。微中子發生振盪的前提條件就是質量不為零和微中子之間存在混合。二○○一年，加拿大的 SNO 實驗透過巧妙的設計，證實遺失的太陽微中子變成了其他種類的微中子，而三種微中子的總數並沒有減少。

相關連結 —— 微中子震盪

研究發現，宇宙中的微中子共有三種，是組成物質世界的十二種最基本粒子中性質最為特殊、被了解得最少的。微中子不帶電荷，幾乎不與物質發生相互作用。長期以來，人們都認為微中子是沒有質量的，而且跟 DNA 只有右旋一樣，只存在左

旋微中子，從而導致個體世界的左右不對稱。而現在是發現已經證實，微中子是具有微小的質量。

　　一九九八年，日本的超級神崗實驗以確鑿的證據發現微中子存在振盪現象，即，一種微中子在飛行中可變成另一種微中子，使幾十年來令人困惑不解的太陽微中子失蹤之謎和大氣微中子反常現象得到了合理的解釋。微中子發生振盪的前提條件就是質量不為零和微中子之間存在混合。二○○一年，加拿大的 SNO 實驗透過巧妙的設計，證實遺失的太陽微中子變成了其他種類的微中子，而三種微中子的總數並沒有減少。同樣的結果在 KamLAND（反應爐）、K2K（加速器）這類人造微中子源的實驗中也被證實。

　　微中子振盪的原因，主要是因為三種微中子的質量本徵態與弱作用本徵態之間存在混合。微中子的產生和探測都是透過弱相互作用，而傳播則由質量本徵態決定的。但由於存在混合，產生時的弱作用本徵態不是質量本徵態，而是三種質量本徵態的疊加。這三種質量本徵態按不同的物質波頻率傳播，因此在不同的距離上觀察微中子，會呈現出不同的弱作用本徵態成分。當用弱作用去探測微中子時，就會看到不同的微中子。

原子彈的巨大威力

　　原子彈，是指利用鈾 -235 或鈽 -239 等重原子核分裂反應，暫態釋放出巨大能量的核子武器。又稱分裂彈。

通常來說，原子彈殺傷破壞力巨大，能產生幾百至幾萬噸級 TNT 的量的威力。它可由不同的運載工具攜載而成為核導彈、核航空炸彈、核地雷或核炮彈等；或用作氫彈中的初級（或稱扳機），為點燃輕核引起熱核聚變反應提供必需的能量。

原子彈的組成及爆炸

原子彈主要由引爆控制系統、高能炸藥、反射層、由核裝料組成的核組件、中子源和彈殼等組件組成。其中，引爆控制系統主要是用來起爆高能炸藥（推動、壓縮反射層和核組件的能源）；反射層由鈹或鈾 -238（不僅能反射中子，而且密度大，可以減緩核裝料在釋放能量過程中的膨脹，使鏈式反應維持較長的時間，從而能提高原子彈的爆炸威力構成；核裝料主要是鈾 -235 或鈽 -239。

要想觸發鏈式反應，還需要有中子源提供「點火」的中子。一般說來，氘氚反應中子源、釙 -210- 鈹源、鈽 -238 原子彈爆炸鈹源和鉲 -252 自發分裂源等，都可以作為核爆炸裝置的中子源。原子彈爆炸可以產生高溫、高壓以及各種核反應產生的中子、γ 射線和分裂碎片等，這些最終可以形成衝擊波、光輻射、早期核輻射、放射性沾染和電磁脈衝等破壞殺傷性因素。

自從一九四五年原子彈問世，原子彈的技術便不斷發展，其體積、重量都有顯著減小，戰術技術性能日漸提高。對於提高核武器的戰術技術性能和用作氫彈的起爆裝置來說，原子彈的小型化具重要意義。另外，多種低當量和威力可調的核武器

得到了發展，這是為了適應戰場使用的需要。加強型原子彈也得到了發展，即在原子彈中添加氘或氚等熱核裝料，利用核分裂釋放的能量點燃氘或氚，發生熱核反應，這樣顯著改進了原子彈的性能；此外，反應中所放出的高能中子使更多的核裝料發生分裂，也使得原子彈威力增大。這種原子彈不同於氫彈，它的熱核裝料釋放能量在總當量中只占一小部分。

同時，高能炸藥的起爆方式和核爆炸裝置結構也得到了不斷的改進，這樣做的目的是為了提高炸藥的利用率，以及核裝料的壓縮度，達到增大威力，節省核裝料的作用。此外，提高原子彈的突防和生存能力以及安全性能，也被日益重視。

原子彈的裝藥

截至現在，可以大量獲得、並可用作原子彈裝藥的還僅僅限於鈾 235、鈽 239 和鈾 233 這三種分裂物質。

原子彈的主要裝藥是鈾 235。但要獲得高加濃度的鈾 235 並非易事，這是因為天然鈾 235 的含量很小，大約一百四十個鈾原子中，才只含有一個鈾 235 原子，而其餘的都是鈾 238 原子；加之鈾 235 和鈾 238 是同一種元素的同位素，化學性質幾乎相同，質量差異也微乎其微。所以，用普通化學方法根本無法達到將它們分離的目的，即使採用分離輕元素同位素的方法也難以奏效。

為了獲得高加濃度的鈾 235，早期的科學家實驗了多種方法來攻克難關，最後發現「氣體擴散法」可以成功。這種方法的原

理是：鈾 235 原子約比鈾 238 的原子輕約百分之一點三，所以當這兩種原子處於氣體狀態時，鈾 235 原子會比鈾 238 原子運動得稍快，於是這兩種原子就可稍稍得到分離。氣體擴散法的依據，便是鈾 235 原子和鈾 238 原子之間微小的質量差異。

運用這種方法，首先得將鈾轉變為氣體化合物。截至目前，六氟化鈾是唯一適合的氣體化合物。該化合物在常溫常壓下是固體，不過它很容易揮發，在五十六點四度即昇華，變成氣體。鈾 235 的六氟化鈾分子與鈾 238 的六氟化鈾分子的質量差異不到百分之一，但實驗證明，這個差異已經足以使它們分離了。

六氟化鈾氣體在加壓的環境下，會被迫透過一個多孔隔膜多孔隔膜。其中含有鈾 235 的分子透過多孔隔膜多孔隔膜速度稍快，所以每當透過一個多孔隔膜多孔隔膜，鈾 235 的含量就會稍有增加，但增加的程度非常的微小。因此，要想獲得幾乎純的鈾 235，必須讓六氟化鈾氣體數千次地透過多孔隔膜多孔隔膜。

鈽 239 是原子彈的另一種重要裝藥，它是透過反應爐生產的。在反應爐內，鈾 238 吸收一個中子，不發生分裂的話就會變成鈾 239；而鈾 239 會衰變成鎿 239；鎿 239 會衰變為鈽 239。因鈽與鈾是不同的元素，所以雖然只有很少一部分鈾轉變成了鈽，但相比鈾同位素間的分離，鈽與鈾之間的分離要容易得多，因此提取純鈽時可以比較方便的化學方法。

原子彈還有一種裝藥是鈾 233。透過在反應爐內用中子轟擊釷 232，生成釷 233，再相繼經過兩次 β 衰變，就可以製得鈾 233。

　　我們可以看到，後兩種原子彈裝藥是透過反應爐得以生產，它們的生成以消耗鈾 235 為代價。因此，我們完全可以把鈾 235 稱為「核火種」—— 若是沒有鈾 235，就不會有反應爐，也沒有原子彈，並且沒有今天對原子能的大規模利用。

　　只要使核裝藥的體積或質量超過一定的臨界值，原子彈爆炸就可以實現了。

　　氫彈及氫彈爆炸

　　氫彈，也稱聚變彈、熱核彈。它是利用原子彈爆炸的能量點燃氫的同位素氘、氚等輕原子核而產生聚變反應，暫態釋放出巨大能量。

　　氫彈有著與原子彈相同的殺傷破壞因素，不過它的威力卻比原子彈大得多。一般原子彈的威力為幾百至幾萬噸級 TNT 當量，而氫彈的威力則大至幾千萬噸級 TNT 當量。

　　一九四二年，美國科學家研發原子彈的過程中，推斷原子彈爆炸提供的能量可能足夠點燃輕核，引起聚變反應，於是想以此來製造一種威力比原子彈大得多的超級彈。美國在一九五二年十一月一日進行了世界上首次氫彈原理實驗。從一九五〇年代初至一九六〇年代後期，相繼有美國、蘇聯、英國和法國等國家，研發成功氫彈，並且裝備部隊。

三相彈是目前裝備得最多的一種氫彈，它的特點就是威力較大。在三相彈的總威力中，分裂當量的所占份額非常高。一枚威力為幾百萬噸 TNT 當量的三相彈，分裂份額一般在百分之五十左右，放射性汙染嚴重，因為這個原因三相彈也被稱為髒彈。

在某些戰爭場合，確實需要使用具有特殊性能的武器。到了一九八〇年代初，人類就已經研發出一些能增強或減弱某種殺傷破壞因素的特殊氫彈，比如說中子彈、減少剩餘放射性武器等。中子彈是一種小型氫彈，它以中子為主要殺傷因素；減少剩餘放射性武器也稱 RRR 彈，它屬於以衝擊波毀傷效應為主，放射性沉降少的氫彈。一枚威力萬噸級 TNT 當量的 RRR 彈，它的剩餘放射性沉降比相同當量的純分裂彈可以減少一個數量級以上，因而它是一種較好的戰術核武器。從對氫彈的研究的總趨勢來看，特殊性能武器方面可能會吸引更多注意力。

相關連結 —— 原子彈用於實戰的一次

一九四五年秋，第二次世界大戰中的日本敗局已定。為盡快迫使日本投降，並以此抑制蘇聯，美國總統杜魯門和美國政府決定在日本的廣島、長崎等四個城市中選擇一個目標投擲原子彈。

一九四五年八月六日早晨八點整，三架 B-29 美機從高空進入廣島上空。這時的廣島市民很多並未進入防空洞，而是在仰

望美機。B-29 在此以前已連續數天飛臨日本領空進行訓練，但這一次的三架飛機中，有一架此時正奉命來轟炸廣島，已經裝上了一顆五噸重的原子彈。

九點十四分四分十七秒，那架裝載著原子彈的美機上對準了廣島一座橋的正中，打開了自動裝置。一分鐘後，飛機打開艙門放出一顆原子彈。這時飛機作了一個一百五十五度的轉彎後俯衝下來；飛機迅速下降了三百多公尺。這是為了盡量遠離爆炸地點。四十五秒鐘後，原子彈在離地六百公尺空中爆炸，立即發出令人眼花目眩的強烈白色閃光，廣島市中心上空隨即發生震耳欲聾的大爆炸。整個廣島城頃刻之間捲起巨大的蕈狀雲，接著便豎起幾百根火柱，廣島市迅速化為焦熱的火海。

在原子彈爆炸的強烈光波中，成千上萬人雙目失明；一切都被十億度的高溫化為灰燼；放射雨更使一些人在以後二十年中緩慢走向死亡；所有的建築物又被衝擊波形成的狂風摧毀殆盡。處在爆炸中心影響下的人和物，像原子分離一樣分崩離析。即使離中心稍遠些的地方，到處都可以看到在一剎那間被燒毀的男人、女人及兒童的殘骸。在更遠一些的地方，有些人雖僥倖還活著，但也都被嚴重燒傷，或者雙目被燒成兩個窟窿。在十六公里以外的地方，人們仍能感到悶熱的氣流。

廣島當時人口約為三十四萬，靠近爆炸中心的人大部分死亡，根據統計，當日死者有八萬八千餘人，負傷和失蹤的有五萬一千餘人；全市七萬六千幢建築物全被毀壞的有四萬八千幢，

其中有兩萬兩千幢被嚴重毀壞。

然而，日本並沒有因為廣島的悲劇馬上同意無條件投降。他們將希望寄託在蘇聯的調停上，竭力掩蓋廣島事實真相。而八月八日，日本從蘇聯領導人那裡得到的回答是：日本仍在繼續進行戰爭，拒絕接受《波茨坦公告》，因此，日本政府請求蘇聯調停的建議已失去一切根據。蘇聯政府遵守對聯合國的義務，接受聯合國的要求，宣布從八月九日起對日宣戰。美國就在蘇聯出兵這天的上午十一點三十分，又在日本長崎投下第二顆原子彈，長崎全城二十七萬人當日死去六萬餘人，這是繼廣島以來的又一次悲劇。

認識可燃冰

人類曾經以為地球是個取之不盡、用之不竭的寶藏，而事實上，地球的能源危機警報早就已經拉響了。據科學家預測，目前全球蘊藏的煤和油氣等資源，僅夠人類今後數十年之用。如果地球上的能源耗盡，人類將如何生存？是否有其他的能源代替原生能源？面對即將到來的能源危機，世界各國都紛紛踏上了尋找新能源的道路。正當人們苦苦思索之際，神奇的可燃冰被意外的發現了。

可燃冰是天然氣在零度和三十個大氣壓的作用下結晶而成的「冰塊」，學名為「天然氣水合物」。甲烷在「冰塊」裡占百分之八十至百分之九十九點九，可以被直接點燃，西方學者將

其稱為「二十一世紀能源」或「未來能源」，因為它燃燒後幾乎不產生任何殘渣，汙染比煤、石油、天然氣等都要小得多。

可燃冰的形成

作為一種天然氣水合物，可燃冰實際是水和天然氣（主要成分為甲烷）在中高壓和低溫條件下混合時產生的晶體物質，看起來非常像冰雪，點火即可燃燒，因此又被稱為「可燃冰」，也被稱為「氣冰」、「固體瓦斯」。從外表上看可燃冰像冰霜，從個體上看其分子結構就像一個一個由若干水分子組成的「籠子」，每個籠子裡「關」了一個氣體分子。

那麼，可燃冰是怎樣形成的呢？可燃冰的形成有幾個基本條件。

首先，溫度不能太高，在零度以上即可生成，最高限是二十度左右，再高就分解了，零度至十度為宜。

其次，要有足夠的壓力，但也不能太大，零度時，三十個大氣壓以上它就可能生成。

第三，地底要有氣源。與陸地上只有西伯利亞的永久凍土層才具備形成以及使之保持穩定的固態的條件不同，海洋深層三百至五百公尺的沉積物中都可能具備這樣的低溫高壓條件。因此，其分布的陸海比例為一比一百。

科學家估計，海底可燃冰分布的範圍相當於四千萬平方公里，約占海洋總面積的百分之十，是迄今為止海底最具價值的礦產資源，足夠人類使用一千年。

　　不過，有天然氣的地方不代表就存在「可燃冰」，因為形成「可燃冰」不僅僅需要壓力，主要還在於低溫，所以一般在冰土帶的地方較多。

可燃冰的巨大潛力

　　可燃冰被賦以能源危機救星的重任，它真有這樣巨大的潛力嗎？

　　可燃冰從能源角度來看，可視為被高度壓縮的天然氣資源，每立方公尺能分解釋放出一百六十至一百八十標準立方公尺的天然氣。

　　可燃冰在燃燒時一般不會產生殘餘物，而且使用方便、清潔衛生，可以減少環境汙染，因此科學家們一致認為：可燃冰可能幫助人類擺脫日益臨近的能源危機，成為人類新的後續能源。目前，國際間公認全球的可燃冰總能量，是地球上所有煤、石油和天然氣總和的二至三倍。

　　既然可燃冰有望成為二十一世紀的新能源，取代煤、石油和天然氣，那為什麼人類還不能大規模開採呢？原因在於收集海水中的氣體十分困難。海底可燃冰屬於大面積分布，所以它分解出來的甲烷很難聚集在某一地區內收集；而且一離開海床便迅速分解，容易發生意外出現噴井。更重要的是，甲烷所產生的溫室效應要比二氧化碳屬害十至二十倍。所以一旦處理不當，分解出來的甲烷氣體就會由海水釋放到大氣層，導致全球溫室效應問題更加嚴重。

此外，海底開採還可能會破壞地殼穩定平衡，使大陸架邊緣動盪而發生海底坍方，甚至導致大規模海嘯，帶來災難性後果。如果開採不利，這位「救星」可能還會成為地球環境的罪魁禍首。據有關證據顯示，過去大規模自然釋放這類氣體，在某種程度上使地球氣候急劇變化。八千年前，在北歐造成浩劫的大海嘯，就非常有可能根源於這種氣體的大量釋放。

現在，人們對可燃冰在未來能源方面所扮演角色重要性有了越來越深入的認識，不僅加緊了對這種新能源的探測，還繼續研究開採技術，希望能早日把這位能源新成員引入現代生活，為人類造福。

延伸閱讀 —— 一百度的水為何會不沸騰

在爐子上燒一鍋水，再用小奶鍋盛一點水，讓它漂在大鍋內。給鍋加熱，大鍋裡的水沸騰了，小奶鍋裡的水卻不沸騰。實驗時，要讓小鍋一直停在大鍋的中心，即使延長加熱時間，奶鍋內的水也不會沸騰。

為什麼呢？

沸騰是液體的一種汽化現象。液體汽化需要吸收熱量。大鍋放在爐火上，爐火的溫度比一百度高很多，鍋內的水升高到一百度後，爐火仍不斷給水傳導熱，使大鍋內的水不斷汽化，不斷沸騰。

而奶鍋放入水中，只能從水中得到熱量。奶鍋內的水溫度

會隨著大鍋內的水溫度升高，大鍋內的水達到一百度，奶鍋內的水也達到了一百度。但大鍋內的水沸騰後，溫度不再升高，始終停留在一百度。我們知道，溫度相同的兩個物體之間是不會發生熱傳遞的。現在既然，奶鍋內的水和大鍋內的水都達到了一百度，奶鍋內的水不能再從大鍋裡的水那裡吸收熱量，因此也就不會沸騰。

由於爐火的溫度比一百度要高，如果奶鍋與大鍋底接觸的話，奶鍋裡的水就可以透過金屬與爐火中吸收熱量，奶鍋中的水也就會沸騰起來。

水的第四態

我們一直認為，水是以固態（冰）、液態（水）和氣態（水蒸氣）三種狀態存在於地球上的，並且不能導電。但是，根據美國聖地亞國家實驗室物理學家的最新研究顯示，在滿足一定的溫度和壓力條件後，將可能得到超離子狀態的水，稱之為「金屬水」。金屬水是一個水分子中的兩個氫原子是處於自由活動狀態的，而氧原子則像被冰凍休眠處於固定狀態，這種狀態的水會和我們日常所見的金屬一樣具有導電功能。

「燃素說」

在任何一本教科書裡都這樣寫道：水是一種化合物，它的分子式是 H^2O。可是，人們果真知道水是什麼東西嗎？其分子

式對不對？有一點很清楚，水的分子式被人們簡單化了。人類受到汪洋大海的包圍，而海洋是如何形成的，海洋水到底是什麼物質，我們都還茫然無知。

古希臘的哲學家們看到流水源源不斷，就得出結論說：水同土、空氣和火一樣，也是一種元素。地球萬物都是由這四種元素構成的。哲學家們的說法可稱為超群的見解，直到十七世紀以前，人們始終覺得他們的說法無懈可擊。

在西元一七七〇年以前，人們把氣體混合物的爆炸視為壯觀的景象。點燃氫和氧，燃燒後自然生成了水。可是當時沒有誰留意到進行這種反應時生成的那一點水分。人們只顧爭論水能不能變成「土」的問題了，為了觀察水能不能變成土，天才的法國化學家安圖安・羅蘭・拉瓦錫用三個月的時間，連續做著水的蒸餾實驗。

當時，以毫無根據的假設為依據的「燃素說」，由於受到名人的推崇而名赫一時，它阻礙了人類認識的發展。「燃素說」論者認為，燃燒著的物質能夠釋放出「燃素」。儘管這位拉瓦錫已經發現了鑽石是由碳組成的，還分析了礦泉水的成分，但他卻信奉著「燃素說」。

瓦特的功勞

詹姆斯・瓦特這位工程師和蒸汽機的發明家，最先認清了水的本質。他雖然不是化學家，也沒有進行過相對的實驗，但他卻不固守偏見。

神祕的物理現象

　　詹姆斯・瓦特於西元一七三六年生於蘇格蘭，他在各個方面都表現出了出眾的才華並取得了傑出的成就：製成了數學運算器、天文儀器、蒸汽機的模型。他熱衷研究著技術上的新方向——後來得名的工藝學。瓦特成功的發明了完備的蒸汽機，但是關於水他也許只懂得由水可以制取蒸汽。恰恰由於不受偏見的束縛，瓦特才最先意識到自己的同時代人所進行的實驗的意義所在。西元一七八三年四月二十六日，他在給 J・波里斯特利的信中寫道：「難道不應當認為水是由燃素（氫）和非燃素氣體（氧）組成的嗎？……」

　　拉瓦錫重新做了主要的實驗並領悟了這一發現的重大意義，當即將實驗結果上報給了法蘭西科學院。在報告中他對英國學者的研究成果隻字不提。結果，拉瓦錫在歐洲大陸上獲得了頭功，贏得了盛名。圍繞發明優先權屬於誰的「水之爭」從此開始，持續了幾十年。瓦特早在西元一八一九年去世，到西元一八三五年他的發明優先權才得到了最後的確認。

　　當時，革命的風暴正在震撼著歐洲，西元一七九四年五月八日，拉瓦錫這個皇家稅務總監被送上了斷頭台。戰爭爆發，帝國瓦解，學校和教學計畫都重新改組，但除了瓦特的發明外，並沒有產生任何新的東西。

　　其實，水完全不是發明家瓦特所說的那種簡單的化合物。事過兩百多年，人們才逐漸看到，在正常溫度下並不存在水的單個分子，雖然可以無可置疑的說水屬於流體，但它卻具有固

定的結構，一定量的 H_2O 合成了井然有序的濃縮物。水是彼此呈晶型聚合的 H_2O 集團組成的液體。

要具有一種液體能夠溶化「水的晶體」，如同溶化鹽和糖那樣，人們就可以更細緻的研究水，那該多好！然而誰也沒有找到這種液體。時至今日科學家們還在猜測著：水的晶體裡是由八個還是十二個、或者三百個單個的 H_2O 組成？也許是由大的或是小的集團組成？難道水的組成取決於水的溫度嗎？哪些測定方法令人置信？

科學家們相信「精誠所至，金石為開」，水分子的奧祕終有一天會被揭開。為此，他們付出了更多的努力。

「聚合水」

一九七〇年，物理化學家伯里斯‧捷利亞金提出了不同以往的「聚合水」的新理論。

捷利亞金用石英毛細管冷卻水蒸氣，實驗顯得平淡無奇。實驗中他似乎覺得自己製得了從未見過的一種新的水。這種水的比重比普通水重百分之四十，在負四十度溫度下凝結成玻璃狀的冰。科學家們以為聚合水是實驗純度不佳、做法錯誤出現紕漏的產物。後來，當各國報界對「聚合水」紛紛進行報導的時候，捷利亞金的發現才引起科學界的重視。

理論家們開始感到，電腦的運算和某些原理可以證實聚合水的存在。人們又去做實驗，竟真有人發現捷利亞金的結論是正確的！水確實存在著一種新的形態。於是，西歐的學術刊物

用大量篇幅報導了聚合水。對於聚合水的存在，有人狂熱的支持，也有人激烈的反對。

人們憑常識就可以解釋聚合水的產生：像塑膠中無數單個的分子能夠形成聚合物，乙烯的分子能夠合成聚乙烯那樣，水的分子聚合形成聚合水 —— 道理何其淺顯！或者並非如此？

初看起來，科學家們可以透過實驗輕而易舉的解決這場「簡單的」爭論，其實並不那麼簡單。如果準確的按照捷利亞金的方法進行實驗，所得結果就與捷利亞金的相同；一旦實驗稍有改變，其結果就完全各異，甚至截然相反。人們因此不得不採取了折中的解釋：如果水放置在毛細管裡，那麼就能產生一層特殊的水，具厚度為千分之幾毫米，它便是水的特性成因。

一九七三年夏，來自各國的科學家聚會馬爾堡這座規模不大的大學城討論水的問題。大會學術論文業已安排就緒，會刊又發表了其他學者對新型水的研究成果。不料突然從莫斯科傳來消息說，捷利亞金已經放棄自己原來的觀點，他以為自己的發現與水的結構可能毫不相干。

點擊謎團 —— 什麼是玻璃水

水除了氣態、液態和固態外，還有玻璃態。玻璃態是一種冷的液態，即液態水在攝氏零度以下不結冰而保持液態。玻璃態的水和冰不一樣，它無固定的形狀，不存在晶體結構。與固態相比，它更像一種極端黏滯、呈現固態的液體。水的玻璃態

密度與液態密度相同。

美國亞利桑那州立大學的研究人員宣稱，液態的水大約在 165K 就可以轉變成玻璃態，大大高於原先認為的 136K 。（1K ＝ -272.15℃）

太空中的水蒸氣在星際塵埃等物體的冰冷表面上形成玻璃態水，而科學家們則用聲速冷卻的方法使液態水轉變成玻璃態。水的玻璃態研究，不僅對提示人體在低溫下如何成活具有啟示意義，而且對地球上的製藥工業和其他行星上的生命理論等均有幫助。例如：人體冷凍保存的關鍵問題之一是避免水結成冰。由於冰的密度比水小百分之十，生命體的水一旦結成冰，則生命體各部分體積都會膨脹百分之十，導致生命體死亡。若使水成為玻璃態就可以避免這一問題。

水是一種結構簡單的化學物質，但是其物態之複雜超乎人們的想像。冰至少有十二種形態，低溫下的液態水至少有兩種形態。水的許多特性還有待進一步了解。

金屬玻璃的奧祕

在電影《魔鬼終結者 2》中，邪惡的機器人由一種液態金屬製成，他可以隨隨便便變為直升飛機或其他任何形狀的東西，甚至可以從門縫下「流」過去。而這種神奇材料在現實生活中也的確存在，那就是金屬玻璃。如今，科學家已經研發出可與電影中機器人媲美的金屬玻璃，其強度是目前最好的工業用鋼材

料的三倍，柔韌性則是鋼的十倍。

金屬玻璃的結構及特性

一九六〇年代，美國科學家皮・杜威等首先發現，在冷卻速度非常快的情況下，金一矽合金等液態貴金屬合金由於其內部的原子來不及排好順序，仍處於無序紊亂狀態時，就可以馬上凝固，成為非晶態金屬。這些非晶態金屬具有類似玻璃的某些結構特徵，因此也被稱為「金屬玻璃」。

金屬玻璃是一種特殊的合金材料。一般意義上，金屬原子都是有序排列的晶體結構，而在金屬玻璃的原子排列如同液體或玻璃一樣雜亂無章。雖然從嚴格意義上來說，金屬玻璃並非液態，但因為它可以像液體一樣隨意流動，沒有固定的外形。因此，在進行市場宣傳時，一些店家仍以「液態金屬」這個更便於記憶的形象名稱來稱呼它。

金屬玻璃具有不尋常的結構，以及金屬一樣的硬度和韌性、塑膠一樣的可塑性，已經成為一種具有良好應用前景的未來材料。原子在晶體金屬或合金中，都是在一個個被稱為晶粒的區域內整齊排列，而這種合金材料最為脆弱的部位就是晶粒之間的結合處。但是，金屬玻璃根本不存在晶粒邊界，因為它的原子都是無規律的緊密排列的，因為它的內在組合沒有縫隙，所以它的硬度更大。即使遭到重擊，原子也很容易恢復原位，同時它還有很好的抗腐蝕能力，不變質，重量輕；由於金屬玻璃沒有晶粒的體積限制，所以它很容易被製成僅十奈米的

微型器件。而且，金屬玻璃的非晶體結構還使得它可以在低溫下熔化，如同塑膠般易於塑造成型。

金屬玻璃還具有良好的耐腐蝕性。不鏽鋼的表層在溫度為四十度、濃度為百分之十的三氯化鐵溶液中非常容易受到腐蝕；而在同樣情況下，含鉻的金屬玻璃卻能「固若金湯」，腐蝕速率接近零。這還是因為金屬玻璃內部原子不存在晶體的交介面，呈無序排列，也不存在晶體缺陷，從而避免了腐蝕液體的「入侵」；另外，含鉻氧化物在金屬玻璃表面形成了一層緻密而均勻的保護膜，所以金屬玻璃的耐腐蝕性特別強，作為一種高耐蝕材料非常有發展前途。於是，人們就想到用一種鐵硼合金的軟磁材料，代替矽鋼做成電源變壓器，不僅性能好，而且電能損耗少，一般的金屬合金都是以晶體的形式存在，具有特殊性能的這幾種合金卻都不是晶體而是玻璃形態物質的金屬玻璃。

作為一種優異的磁性材料，金屬玻璃還具有高飽和磁感應、低鐵損等優點，同時還具有較高的耐磨性和耐腐蝕的特點。用金屬玻璃製造各種磁頭的話，可以避免磁頭尖部的脫落現象，降低磁頭與碟片摩擦發出的雜訊。這將會給我們帶來優美、清晰的音質和理想的音響效果。

如何製得金屬玻璃

既然金屬玻璃有這麼多的好處，那麼該用什麼方法製得金屬玻璃呢？

科學家研究發現，金屬在高溫下熔融後，經過慢慢冷卻就

會恢復為晶態。設想一下，當將某些金屬熔融後，透過一個噴嘴噴到高速旋轉的光滑鋼質輥面上後急劇冷卻，就有可能變成金屬玻璃。

但是，金屬單質它們在溫度稍低時便會轉化成晶態，極難生成類似玻璃的結構，已製得的在室溫下穩定存在的金屬玻璃都是兩三種或更多種元素的某些合金。因為對冷卻速度存在要求，再考慮到非晶態結構的穩定性，用於製備金屬玻璃的材料多是鐵－鈷－鎳合金。金屬晶體內的微粒排列得很整齊，當金屬體內存在缺陷時，就容易被拉斷。這就好比堆積木，抽掉中間一塊，整個堆起的積木就會全部倒塌。而由於金屬玻璃是急劇冷卻時形成的，其內部結構來不及排列得很整齊，在整體上的排列還是混亂的，而在小的局部上又可能是有序的，就像如果高台是由不規則形狀的石頭砌成，挖掉一兩塊也不會影響整個建築。

研究發現，金屬玻璃的斷裂強度是鋼的四倍。目前，鐵系金屬玻璃的屈服強度約為四千兆帕，鎳系和鈷系金屬玻璃的屈服強度約為三千兆帕，遠高於同類的晶態合金的強度。

金屬玻璃可經受一百八十度彎曲而不斷裂，兼有良好的可塑性。它的抗裂紋擴展能力強，斷裂韌性值約為鋼的五倍、鋁合金的十倍、矽酸鹽玻璃的一萬倍。把它作為結構材料和複合材料的日子已經為期不遠了。

大自然神奇的力量導致了形形色色規則的形成，而打破規

則則是另外一種神奇的力量。從金屬到玻璃的跨越告訴我們這樣一個道理：萬物並沒有絕對的分界線，跨越分界線去看事物，能使你得到意想不到的收穫。

延伸閱讀 —— 金屬疲勞

看到這個題目，大家都覺得奇怪，難道金屬也會疲勞嗎？不錯，金屬也與人一樣，超過一定的限度就會疲勞。

設想一下，現實生活中我們很難直著拉斷一根鐵絲；但是如果反覆彎折，就容易折斷了。這說明，像鋼鐵這樣的金屬，在反覆變化的外力作用下，它的強度要比在不變外力作用下小得多。這種現象就是金屬疲勞。

金屬疲勞會發生很多如輪船沉沒、飛機墜毀、橋梁倒塌等破壞事故。據估計，在現代機器設備中，百分之八十至百分之九十的零組件損壞是由金屬疲勞導致的。因為在材料內部抵抗最弱的地方，金屬組件所受到的外力超過一定限度，就會出現人眼覺察不到的裂紋。如果組件所受的外力不變，微小的裂紋就不會發展，材料也不易損壞。但如果組件所受的是一種方向或大小經常重複變化的外力，那麼金屬材料內部的微小裂紋就會時而張開，時而相壓，時而互相研磨，導致裂紋不斷擴大和發展。當裂紋擴大到一定程度，金屬材料被削弱到不能再承受外力時，只需要一點偶然的衝擊，就會發生零組件的斷裂。所以，金屬疲勞往往都是造成突如其來的破壞，沒有明顯的跡象

讓人察覺。

增強金屬抗疲勞的有效辦法是在金屬材料中添加各種「維生素」。例如：金屬抗疲勞的能力在加進萬分之幾或千萬分之幾的稀土元素後，就能大大提高，延長使用壽命。隨著科學技術的發展，現已出現「金屬免疫療法」新技術，透過事先引入的辦法來增強金屬的疲勞強度，以抵抗疲勞損壞。

此外，在金屬構件上，應盡量減少薄弱環節，還可以用一些輔助性工藝增加表面光潔度，以免發生銹蝕。對產生震動的機械設備要採取防震措施，以減少金屬疲勞的可能性。在必要的時候，要進行對金屬內部結構的檢測，對防止金屬疲勞也很有好處。

匪夷所思的反重力技術

著名物理學家費希巴赫根據對 K 介子衰變速度在接近光速時其延長壽命比愛因斯坦的相對論預言的要長的研究，又做了大量自由落體的實驗，提出了反重力的概念。他認為，反重力與稱為超荷的粒子結合，這個排斥力也許與原子內的中子與質子的總數成比例。這就意味著從九公尺高處落下的羽毛比同樣高度落下的鉛球幾乎早十億分之一秒落地。理由是，鉛球有更密集的質子和中子，具有更大的超荷。由這個超荷產生的反重力使物體遠離地面，致使鉛球的落下稍微推遲。這是現代物理學家對反重力的解釋。

南太平洋上神祕建築

南太平洋波納佩島東南有一個叫泰蒙島的小島，在這個小島延伸出去的許多珊瑚礁淺灘上聳立著一座座用巨大的玄武岩石柱縱橫交錯疊起的高達四公尺多的建築物，好像一座座神廟。島上充滿了離奇、神祕的傳說。在島上也曾發生過類似「法老的壽咒」這樣令人毛骨悚然的事情。德國總督伯格和德國考古學家卡伯納就曾遭到了與發掘埃及古墓的英國爵士卡莫洛斯及其助手一樣的悲慘命運。

據估計，整個建築用了大約一百萬塊玄武岩，是從小島北面的採石場開鑿、加工成石柱後運到這裡的。專家們估計，這需要一千名壯勞力從事勞動，那麼光採石就需六百五十五年，每一根石柱用人工加工三角形或六角形稜柱也需兩三百年，最終完成這一工程則需一千五百五十。

專家們認為，根據島上當時的人口狀況也不可能完成此項工程。美國的一調查組用碳十四定法對遺跡進行了測定，表明這一工程是在距今約八百年前，即西元兩百年前後完成的，西元十三世紀是薩烏魯魯王統治波納佩島時期，所以調查組設想環繞該島的南．馬特爾遺跡是作為王朝的要塞興建的。可是王朝創始於西元十一世紀，在經歷了兩百年的興盛後就滅亡了。在這樣短的時間內怎麼可能完成如此艱巨的工程呢？

於是，有人提出了第六大陸文明的假說。西元一八六八年，駐印度的英國軍官卻吉伍德從一位高僧珍藏多年而又從未

神祕的物理現象

向外透露的幾個泥塑板上破譯出了其中的記載：遠古的太平洋上存在著遼闊的第六大陸，它包括東到夏威夷、西到馬利安納群島、南到波納佩島和科克群島的廣大區域，是人類最早的發祥地，距今約五萬年前，文明發達，技術先進，昌盛一時，在一萬兩千年前因大地震而沉陷海底。這與的《山海經・海外西經》中的奇肱國的記載不謀而合。古籍記載奇肱國離玉門關兩萬公里，那裡的人能製造、駕駛飛車，隨風遊行四方。因此，卻吉伍德認為，現今南太平洋上的無數島嶼是第六大陸的殘骸，而南・馬特爾遺跡就是泥塑板上記載的第六大陸文化中心的七城市之一 —— 罕拉尼普拉。

但是，長年從事波納佩島與第六大陸文明關係研究的詹寧不同意卻吉伍德的觀點，認為第六大陸的真正文化中心是在現今夏威夷島東北五六公里的地方。他認為，泥塑板上記載的是古印度的歷史，文中所描述的當時已有像今天的飛機一樣能在空中飛行的機械，與古印度梵語敘事詩「摩訶婆羅多」中的記載相似。他認為第六大陸的文明和科學與今天的科學不同，有控制重力的能力，即掌握了反重力技術，今天印度瑜伽行者能使身體漂浮在空中的能力也屬於第六大陸文明之列。

由此，美國反重力工程學專家大衛認為透過反重力工程學的研究，也許可以揭開南・馬特爾遺跡之謎。並根據由愛因斯坦統一場論匯出的和研究 UFO 所謂的音叉裝置提出的聲共振作用產生反動力的假說，企圖以此來說明南・馬特爾遺跡巨石建

築的巨石是用反重力控制法空運來的。他還指出阿波羅計畫的登月小艇裝著火箭只是為擺脫月球的重力，是一種軍事上需要的偽裝，而與此同時，也使用反重力裝置。那時，第六大陸文明高度發達，傳播四方，因此，古老美洲的種種神祕建築可能與第六大陸文明的飛車、反重力技術等有關。

反重力的科學認識

那麼，到底什麼是反重力呢？

反重力就是排斥物體的力，是同重力相對而言的。眾所周知，有了萬有引力，才有了自由落體的完善理論。但是近年科學家們的一些實驗對此提出了挑戰。

著名物理學家費希巴赫根據對 K 介子衰變速度在接近光速時其延長壽命比愛因斯坦的相對論預言的要長的研究，又做了大量自由落體的實驗，提出了反重力的概念。他認為，反重力與稱為超荷的粒子結合，這個排斥力也許與原子內的中子與質子的總數成比例。這就意味著從九公尺高處落下的羽毛比同樣高度落下的鉛球幾乎早十億分之一秒落地。理由是，鉛球有更密集的質子和中子，具有更大的超荷。由這個超荷產生的反重力使物體遠離地面，致使鉛球的落下稍為推遲。這是現代物理學家的理論認識。

學者們認為，第六大陸文明已經認識了反重力，就像人們在十九世紀認識磁力一樣。今天，電磁擔當了磁浮列車、火箭、電話、雷射等技術的中樞，而這在一百年前則是無法想像

的。掌握了反重力技術，像建造美洲古代建築這樣複雜的工程就易如反掌了。

新知博覽 —— 反重力推進的奧祕

所謂反重力推進，其實是一種超常規動力推進技術。凡能直接靠作用力或反作用力原理達到的抗重力或動力推進的裝置技術（如火箭和噴射飛機採用的噴射推進、直升機的螺旋槳推進、磁浮列車靠電磁力實現的動力牽引等），都不屬於反重力推進。通常反重力推進的基本原理是依靠飛行器自身所形成的逆向重力場，從而抵消或阻絕外部環境的重力場而獲得推力的。

從物理角度來看，要實現最基本的反重力推進，關鍵在於突破電磁力與重力的轉換機制。也就是說，反重力推進技術是必須建立在統一場論的基礎上的。各種類型的反重力技術都必須滿足一個共同的特點，那就是：必須使封密系統（或裝置）內的作用力實現對外做功 —— 即實現力突破屏障對外進行「傳輸」。這種方式就不同於現代所有的常規動力裝置了，也不同於直接依靠作用力或反作用力進行動力推進的做功方式。

而質量虛化隱形的反重力類型，就更屬於超常規又超空間的最高層次的反重力技術了。它是物質以結構資訊能量場的形式變換的一種隱形技術。當物體由三維實體轉換到該物質的結構資訊能量態時，質量的含義就會消失，一切經典力學在這裡也會失效，該物體的三維空間概念也會消失，物體將隱沒。此

時，物體僅以特定的結構能量場形式，以零功耗，滯留在空間當中。物體隱形後，可實現非經典的特殊、特定的時空遷移，且可讓隱沒後的物體重新回到經典常態。

　　基於反重力推進技術發展出的反重力飛行器，不僅能夠自由進出地球大氣圈，還能在任何環境瞬間加速高達十馬赫，在超音速飛行下可作九十度的轉彎，瞬間在空中保持靜止；同時，還可以自由進出空中與海底。換句話說，這種飛行器可以一舉汰換掉所有現今人類在太空、地表與海底的各型載具。

能自我修復的塑膠

　　迄今為止，我們日常使用的塑膠易老化、壽命短，因此，開發不易老化的塑膠也成為當今材料學的重大課題。

　　製造抗老化的材料一直是科學家的目標，就拿塑膠來講，儘管做了許多改進，但現在日常看到的塑膠的壽命至多也就十年，而由強度很小的物質構成的人類壽命卻有百年左右。這是為什麼呢？原因在於，我們人體能夠一邊自我修復，一邊繼續生存。受此啟發，科學家也將生物自我修復的機理移用於人造材料。科學家認為，如果材料果真能自我修復，今後的產品將發生革命性的改變。

　　美國科學家已經研究出一種能夠自我修復內部「勞傷」的全新塑膠。這種物質是設計用以填補表層破裂處的一種塑膠，在自我修復的過程中需要氧氣，有趣的是一旦修復完了，它竟然

還能「排泄」。據說,這種全新的塑膠產品已經問世。

塑膠強度的奧祕

世上的塑膠大體上有三類,即「通用塑膠」、「工程塑膠」以及「超工程塑膠」。其中,通用塑膠有聚苯乙烯、聚乙烯以及氯乙烯等,它們大多用於製造日常生活用品,壽命為五至六年;工程塑膠則有聚碳酸酯、聚醯胺和聚氧化甲烯等,一般用於製造汽車的零件、電子產品,通常價格比通用塑膠高,壽命約為十年左右;超工程塑膠僅在特殊環境下使用,價格昂貴,主要用於航空航太用品,其使用壽命可達一百年。

我們日常使用塑膠往往短壽命,至多在十年左右。其主要原因,就在於塑膠內部會出現「勞傷」,這與材料老化有關。

那麼老化是怎麼產生的呢?塑膠是由碳、氫、氧三種元素化合而成的纖維狀高分子。這種高分子纖維之間絡合在一起,使塑膠具有固體一樣的強度。普通的塑膠裡每一條纖維大約有七處絡合在一起,這使塑膠在使用時具有安全強度。而纖維被切斷後會導致塑膠老化。這是太陽的紫外線或人類使用時施加的外力造成的。如果絡合在一起的纖維正中斷開,那麼一條纖維就變為二條,這個反應過程被稱之為塑膠的老化。

不知您有沒有過這樣的體驗:一直在太陽下的塑膠桶灌滿了水,剛想提起來,卻發現提手與塑膠桶之間突然斷開了。其實,這時的每條纖維都已有多處斷裂。塑膠的老化會隨著使用時間的成長而越來越越嚴重。為此,製作人員摻入了一些紫外

線吸收劑，以抑制老化，或在製品外表塗上油漆以抗老化。儘管如此，塑膠仍未停止老化的步伐。

科學家研發的「自我修復塑膠」是再自發的接上斷開的高分子，以消除老化。當然這並非是說可以無限制延長壽命，但與普通的塑膠相比，它的老化進程較慢，使用時間也明顯延長了。

「橡皮膏」與「修補劑」

一九九七年誕生了一種叫聚苯醚的工程塑膠，這是科學家首次開發出來的自我修復塑膠，成功的關鍵是開發了為應急處理傷口用的「橡皮膏」和治傷口的「修補劑」。

修補的原理非常簡單，首先假定負分子絡合的電子在某些外在因素作用下錯開，導致高分子被切斷，出現自由的電子，老化由此揭開了序幕。此時，預先置入的修補劑會向這個自由電子靠近。在聚苯醚，銅可以充當修補劑的角色。首先，銅以 2 價（缺少二個電子）的狀態存在，當它從斷開部分得到一個電子後變成 1 價。這個過程略顯複雜，但透過這樣的氧化還原反應，中斷的部分就被恢復成原樣。

這時，氫起的是「橡皮膏」作用。為了供給氫從而使聚苯醚具有自我修復能力，可預先在聚苯醚中置入「氫供給劑」，氫會在一旦出現斷裂時來到斷開部分產生的自由電子處進行結合。

聚苯醚的高分子如果沒有氫供給劑的應急處理，內部可能會在各處連鎖產生自由電子，這就會使材料遍體鱗傷。

神祕的物理現象

自我修復不可或缺

雖然自我修復終止了，但反應仍在繼續。得到電子變成 1 價的銅，會繼續與大氣中的氧發生化學反應，使氧得到一個電子，銅又回到 2 價，再次獲得作為「修補劑」的能力。這時，反應產生的氧離子與「橡皮膏」的氫離子結合，生成的水便成為廢物「排泄」出來。通常來說，每克聚苯醚修復產生的水量為幾百微克，修補「勞傷」系統的這種有規律循環是自我修復不可或缺的。

此外，科學家還為成功的聚碳酸酯等建立了自我修復系統。聚碳酸酯的修補劑是碳酸鈉，這時的排泄物是氣味難聞的石炭酸（苯酚）。在材料修復過程中，排泄物的出現是一個非常有趣的事，其實透過改進也可不必排泄。例如：在聚碳酸酯材料中加入起回收站作用的物質，具體的說如果放入鹼性的微小矽膠，那麼石炭酸就將被矽膠吸附，這樣就不會向外釋放垃圾了。但是，反應生成的物質又將成為另一問題，類似的研究還在進行中。目前，科學家正全力以赴構築其他塑膠的修復系統。

期待全新學科的誕生

現在我們知道，上述材料是銅等觸媒在受損傷處完成自我修復的。但塑膠是固體，銅等原子或分子真的能到達斷裂處嗎？雖然有許多研究者認為，觸媒不可能在固體中流動到斷開部分，但也有專家提出，如果在五至十奈米的區域中有觸媒，就可以引起自我修復反應。

很多人認為，在水溶液或氣態環境中，自我修復反應才能發生，這個常識使我們對自我修復反應產生了誤解。其實，與普通的化學反應完全不同，材料自我修復引起的化學反應涉及到的只有 1023 數量級的分子，也無法適用「化學平衡」等概念，也許這還是一門全新的科學領域，需要從理論上進一步研究。

另外，科學家們在研究中還發現，自我修復反應首先發生在老化最嚴重的部分。專家開始將研究方向轉移到延伸塑膠的壽命上，因為正常來說，高分子斷開部分增加，有待發生的反應也增多，但結果卻是老化嚴重的部分優先修復。

二○○二年以來，多家日本企業為了解決光熱條件下電化產品易老化的問題，開發了相對的自我修復型塑膠產品。汽車組件在使用這些自我修復塑膠後，使用壽命也得到了明顯的延長。

人造材料都能自我修復嗎

科學家預言，不但是塑膠，今後包括金屬和陶瓷等一切人造材料，都有可能具有自我修復性，自主的應對老化。雖然以前在材料研究中就有「自我修復」概念，但是從未見過實物。後來，科學家果真製造出了具有「自我修復」特性的實物，並由此開展了自我修復性的深入研究。或許人們不久以後就會把自我修復性視為產品的標準。畢竟，產品的壽命延長也就意味著它們的可靠性和性能的提高。

有效的利用自我修復性，延長物品的使用壽命，在資源日趨減少的今天，也算是從另一個方面緩解了日趨嚴重的環境問題。

新知博覽 —— 認識生物塑膠

生物塑膠指以澱粉等天然物質為基礎在微生物作用下生成的塑膠。生物塑膠的身影在我們的生活中隨處可見，大到電視機、電腦機殼，小到小擺飾、廚房垃圾袋等。

生物塑膠可以分為三類，分別是自毀型生物塑膠、強耐耗性生物塑膠和可耐高溫生物塑膠。

在給人類帶來各種方便的同時，化學塑膠製品也給人們帶來難以想像的麻煩。由於在自然條件下有些廢棄塑膠不會降解，又會在燃燒時釋放出有害氣體，因此給生態環境造成了難以治理的汙染。因此，各國科學家開始研發可以自行分解的自毀或自溶塑膠，以解決這個問題。有人把它稱作「綠色塑膠」。

美國密西根大學生物學家最早提出了「種植」可分解塑膠的設想，他們用馬鈴薯和玉米為原料，植入塑膠的遺傳基因，使它們在人工控制下生長出不含有害成分的生物塑膠。利用細菌，美國帝國化學工林公司把糖和有機酸製造成可生物降解的塑膠。其方法與生產出乙醇的發酵工藝相似，但用的細菌是產鹼桿菌屬，能把餵食的物質轉變成一種被稱為 PHBV 的塑膠。就像人類和動物積存脂肪一樣，細菌累積這種塑膠是作為能量

儲存。當達到它們體重的百分之八十時，細菌積存的 PHBV 就用蒸汽把這些細胞衝破，把塑膠收集起來。PHBV 具有與聚丙烯相似的性質，這種材料在廢棄後，即使在潮濕的環境下也是穩定的，但在有微生物的情況下，它將降解為二氧化碳和水。

　　耐耗性強塑膠堅硬、重量輕、環保，可以用來生產汽車門、船殼、嬰兒保育器等。普通塑膠的半衰期為數千年，此計畫研究的塑膠原料採用的是植物，是一種無害的合成塑膠，也是第一次利用可再生資源製造結構材料和產品，其半衰期很短。現今，自然纖維只有填充成型短纖維和壓縮成型的墊子纖維兩種，但這兩種都不能為製造結構組件提供足夠的強度和硬度。向自然纖維紗注入黏性熱塑樹脂會很困難，因為它通常都是撐在一起的。這個計畫將經過加工的麻纖維和亞麻纖維要紡成連續的纖維，再織成高性能的紡織物。把這些紡織物與自毀型生物塑膠如聚乳酸結合，然後透過真空袋成型和壓縮成型使之成型為各種組件。最後還要進行表面處理，加強纖維與樹脂之間的黏合。

　　作為一種新型生物塑膠，可耐高溫生物塑膠的耐熱性大大提高，熱變形溫度超過一百度，在一次性餐飲用具、一次性醫療用品等一次性器具，電子器件等產品的包裝，以及農用薄膜、農藥及化肥緩釋材料等農用領域可廣泛用。

神祕的物理現象

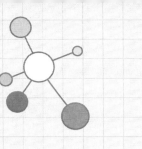

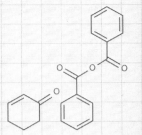

CH₃

CH₃   CH₃

現代科技發展探索

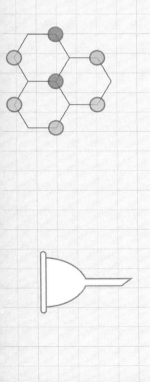

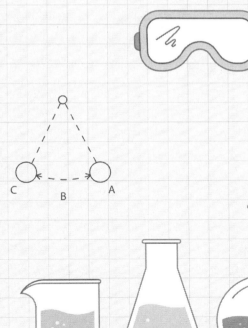

微生物與高科技

隨著科學技術的進步，人類對微生物的認識已經從認知跨越到廣泛積極的開發應用，將其發展成為一項具有廣泛用途和發展前景的新的科學領域。而在研究推進過程中，微生物與高科技正在發生著越來越密切的關係。

細菌與環境保護

隨著工業生產的發展，進入水環境中的重金屬種類和含量不斷增加，對水體的汙染也越來越嚴重。這既帶來了貴重金屬的浪費，也對生態環境和人體健康帶來了危害。重金屬在水環境中遷移轉化、固液相的分布與水中的固相表面密切相關，固相表面反應決定了重金屬在固液相間的分配及重金屬對水環境的潛在影響。

美國國際生物化學公司有一座龐大的細菌「庫」，庫內保存著數千種細菌，根據不同的繁殖條件，人們可以將細菌進行分類。然後，該公司把各種細菌向社會出售，用於不同性質汙水的治理。這些出售的細菌絕大多數都需要氧氣，利用空氣中的氧氣，它們會產生二氧化碳和水。

科學家認為，厭氧細菌用汙水生產沼氣的效率不僅比需氧細菌要高，而且也少許多淤泥的遺留。但是，這類細菌在濃縮有機物內治理汙水，必須隔絕空氣。需要把它們都固定在一種壓縮狀的結構中，才能阻止這類性質活潑的細菌「外逃」，或者

放到汙水能流過的基層中，以限制細菌的活動範圍。丹麥布羅卡茨生物技術公司根據這一原理，還建立了一座加熱浸提器，處理一家發酵廠流出的汙水。與傳統處理方法相比，其效率和耗資都少，所產生的能源也能自給有餘。

此外，我們知道，瓦斯的主要成分是甲烷和一氧化碳，嚴重威脅著煤礦井下開採，易燃易爆。細菌就能處理瓦斯：科學家發現有一種細菌能在「吃」掉瓦斯之後將其「消化」成二氧化碳和水。將這種細菌噴灑於瓦斯含量高的地方，就可以避免煤礦瓦斯爆炸事故的發生。

能源細菌

現實生活中，人們總是把細菌與疾病聯繫在一起。其實有很多細菌對人類還是有貢獻的，比如能源細菌。

科學家在加拿大的一個鹹水湖發現了一種能生產石油的細菌，這種細菌包括紫色和無色兩種。紫色細菌主要是利用環境中的二氧化碳來生產更為複雜的有機分子；這些有機分子又會被無色細菌利用來生成石油。這樣，聚在一起的細菌達到一定數目時，就會源源不斷的供應液態燃料。

澳大利亞的科學家還發現了一種嗜油的細菌。在把油井深層分離出來的細菌培養後，它們會讓其重新投入井下破壞石隙中的石油表面張力，從而使石油順利流出。據介紹，目前全世界岩石縫隙尚有三分之二的石油深匿其中。如果這種細菌採油能夠應用，那將是一項安全方便、成本低廉的好方法。

　　日本一位細菌學家還發現一種能夠製造氫氣的叫「紅極毛桿菌」的細菌。實驗表明，這種細菌只需用澱粉作為主要原料，再混合一些用其他營養素配製成的培養液進行培育，就能夠在透光的容器中產生氫氣。據估算，每消耗五毫升澱粉營養培養液，紅極毛桿菌就能產生二十五毫升氫氣。

　　印度科學家發現海洋細菌中嗜鹽菌的細胞膜中，有一種能把陽光變成燃料或電能的紫色光合素，這很可能成為一個克服地球上能源短缺的好辦法，現在科學家正在設法分離這種光合素。

　　作為和平利用原子能的主要原料，鈾在分裂時能釋放出大量的能量，但是它很難提取。透過研究，日本大學學家成功的從海水中提煉出了鈾，利用的就是放線菌。這種方法吸附鈾的速度很快，而且作為吸著劑的放線菌是廉價的自然生成體。

　　雖然是小小的單細胞微生物，但酵母菌的卻有很大的作用。它們可以用來代謝糖類、製造酒精。糖類是一種「再生性資源」，利用這些糖類酵母菌可製造酒精，添加到汽油中作為燃料：既能產生能量，又可以節約能源，減少空氣的汙染——利用酵母菌代謝糖類產生酒精，比利用化學合成法生產酒精節省百分之六的能源，並且能縮短生產週期。酒精在地球上的石油逐漸耗盡之際，很可能將成為明日能源新星，而小小的酵母菌也將成為人類解決能源危機與減少空氣汙染的希望所寄。

新知博覽 —— 細菌電池

生物學家預言，二十一世紀將是細菌發電造福人類的時代。

細菌發電可以追溯到一九一〇年，英國植物學家把鉑作為電極放入大腸桿菌的培養液裡，成功的製造出世界上第一個細菌電池。美國科學家在一九八四年，設計出一種太空飛船使用的細菌電池，太空人太空人的尿液和活細菌是其電極的活性物質。不過，當時的細菌電池放電效率非常低。

細菌發電直到一九八〇年代末才有了重大突破。英國化學家將細菌放在電池組裡分解分子，透過釋放電子向陽極運動產生電能。他們是這樣做的：向糖液中添加某些芳香族化合物（諸如染料之類）作為稀釋液，以提高生物系統輸送電子的能力。還要在細菌發電期間向電池裡不斷充氣，用以攪拌細菌培養液和氧化物質的混和物。據計算，每一百克糖利用這種細菌電池可獲得一百三十五萬庫侖的電能，效率可達百分之四十，比現在使用的電池效率遠遠要高，並且還有百分之十的潛力可挖掘。只要向電池中不斷加糖，就可以獲得能持續數月之久的二安培電流。

我們還可以利用細菌發電原理建立細菌發電站。在充滿細菌培養液十立方公尺的立方體盛器裡，就能夠建立一個一千瓦的細菌發電站，每小時耗糖量為二十萬克。雖然發電成本比較高，但卻是一種「綠色電站」—— 不會汙染環境。而且，還可以在技術發展後用諸如鋸末、秸稈、落葉等廢有機物的水解物

來代替糖液。因此，細菌發電的前景是十分誘人的。

科學家還發現，細菌還能捕捉太陽能，並把牠直接轉化成電能。最近，在死海和大鹽湖裡美國科學家找到了一種嗜鹽菌，牠們含有一種紫色素，在把所接受的大約百分之十的陽光轉化成化學物質時，就可以產生電荷。利用牠們科學家們製造出一個小型實驗性太陽能細菌電池，結果證明是可以用嗜鹽性細菌來發電的，用鹽代替糖，就大大降低了其成本。由此可見，讓細菌為人類供電的設想已不再遙遠。

海洋能源的發掘

浩瀚的大海中，不僅蘊藏著豐富的礦產資源，更有真正意義上取之不盡、用之不竭的海洋能源。它既不同於海底所儲存的煤、石油、天然氣等海底能源資源，也不同於溶於水中的鈾、鎂、鋰、重水等化學能源資源，它有自己獨特的方式與形態，就是用潮汐、波浪、海流、溫度差、鹽度差等方式表達的動能、勢能、熱能、物理化學能等能源。直接的說，就是潮汐能、波浪能、海水溫差能、海流能及鹽度差能等。

這是一種「再生性能源」，永遠不會枯竭，也不會造成任何汙染。因此，海洋科學家、能源學家和環保專家都對開發海洋能源具有強烈的興趣。

海洋能源的種類

海洋能源主要包括潮汐能、波浪能、海洋溫差能、海洋鹽差能和海流能等。聯合國教科文組織曾做過統計，這五種海洋能的總量為七六六億千瓦。廣義的海洋能源還包括海洋生物質能、海洋表面的太陽能以及海洋上空的風能等。

為實現能源的可持續發展，近年來，許多國家對風能、波浪能和潮汐能等可再生能源紛紛進行嘗試，海洋則是獲取這些能源的天然場所。

據估測，全球潮汐能有約為三十億千瓦的理論蘊藏量。海洋很少會風平浪靜，在這些波浪中都蘊藏著豐富的「波浪能」。然而，我們很難提取海洋中的波浪能，因此僅局限於靠近海岸線的地方有可供利用的波浪能資源。據估計，全世界可開發利用的波浪能達二十五億千瓦。

除了潮汐能、波浪能等，海流也可以做出貢獻。由於海流遍布大洋，川流不息，縱橫交錯，所以它們也蘊藏著相當可觀的能量。例如墨西哥洋流（世界上最大的暖流），在流經北歐時為一公分長海岸線上，提供的熱量就大約相當於燃燒六百噸煤。據估算，世界上可利用的海流能約為零點五億千瓦，而且技術並不複雜。因此，要海流做出貢獻還是有利可圖的，不過也存在一定風險。

海洋表面和海洋深處的海水有著很大的溫差，這種溫差中蘊藏的能量叫「溫差能」。 全球溫差發電的可利用功率據估計在

二十億千瓦左右。江河入海口是淡水和鹹水交界的地方，水的鹹和淡也是可以利用來發電的，而且有很多這種能量，全球「鹽差能」達三百億千瓦，其中可利用的約為二十六億千瓦。

此外，在江河入海口、淡水與海水之間，還有一種鮮為人知的鹽度差能。全世界可利用的鹽度差能約二十六億千瓦，其能量甚至比溫差能還要大。鹽差能發電原理實際上是利用濃溶液擴散到稀溶液中釋放出的能量。

由此可見，只要海水不枯竭，海洋中蘊藏著巨大的能量就生生不息。作為新能源，海洋能源已吸引了越來越多的人們的關注和興趣。

對海洋能源的開發與利用

在陸地礦物燃料日趨枯竭和汙染嚴重的情況下，世界上一些主要的海洋國家紛紛將目光投向了海洋，並逐漸加大投入，促進和加快了人類開發、利用海洋的步伐。

在距離蘇格蘭大陸最北端大約一百公里的奧克尼群島上，英國人首先啟動了世界上首家海洋能源實驗場 —— 「歐洲海洋能源中心」。奧克尼群島有著優越的自然條件，島上最大的風速可達到一百九十公里／時，因此在英國境內發展風能、波浪能和潮汐能最為理想。它將對新型海洋能源技術和設備進行了實驗和推廣，同時也寄託了科學家和能源界對未來新型能源發展的希望。

英國海洋電力輸送公司設計的波浪能轉換器首先在該中心

進行了實驗。該轉換器長一百二十公尺，直徑三點五公尺，重七百五十噸，體積相當於四節火車的車廂。這個紅色的轉化器在海面上漂浮，遠遠的看上去就像一條在海洋上浮動的巨龍。有一個學術機構中的資料中心設在島上，監測能量轉換過程中的各種資訊，而在資料中心開發商也可以透過與實驗床相連接的光纜對其設備的效力進行監督。另外，為了隨時對海浪狀況進行即時監測，能源中心還設立了氣象站和中央監視系統。

隨著對波浪能利用技術的逐漸成熟，這一新興能源正穩步向商業化應用發展，且在降低成本和提高利用效率方面仍有很大的技術潛力。

因為海洋不僅能夠為人類提供生存空間、食品、礦物、運輸及水資源等，還將在新能源開發上扮演重要角色。科學家們預言，二十一世紀是海洋的世紀。據估算，全世界海洋能總量約為七百多億千瓦，僅各國尚未利用的潮汐能就要比目前全世界全部的水力發電量大一倍。因此，海洋被稱為未來的「能量之源」。

延伸閱讀 —— 主要國家海洋能源開發現狀

英國：為了鼓勵發展包括海洋能源在內的可再生能源，從一九七〇年代以來，就陸續制定了能源多元化的政策。為實現對資源和環境的保護，一九九二年聯合國環境發展大會後，英國進一步加強了對海洋能源的開發利用，把波浪發電研究放

在新能源開發的首位，曾因投資多而且技術領先，並在蘇格蘭西海岸興建了一座固定式波力電站，裝機容量兩萬千瓦。英國在潮汐能開發利用方面，也進行了大規模的可行性研究和前期開發研究，已具有建造各種規模潮汐電站的技術力量和市場應用前景。

美國：美國政府制定各種優惠政策，把促進可再生能源的發展作為國家能源政策的基石，增加投資力度。目前美國經過長期發展，已成為世界上開發利用可再生能源最多的國家，其中尤為重視海洋發電技術的研究。一九七九年，美國在夏威夷島西部沿岸海域建成一座稱為溫差發電站。

日本：在海洋能開發利用方面日本也十分活躍，從事波浪能技術研究的科技單位就有十多個。它還成立了海洋溫差發電技術研究所，在海洋熱能發電系統和換熱器技術上已領先美國。

法國：法國在一九六六年就投鉅資建造了世界最大的朗斯潮汐發電站（至今仍是），採用燈泡貫流式水輪發電機，裝機容量為二十四萬千瓦，年發電量約為五點五億千瓦時。朗斯潮汐電站至今正常運行，並有著良好的效益。

加拿大：加拿大在一九八四年建成了裝機容量為一萬九千瓦的安納波利斯潮汐實驗電站，採用新型全貫流式水輪發電機組，減少投資百分之二十，取得良好的經濟效益，並證明了在芬迪灣站坎伯和科別庫依德建設大型潮汐電站是可行的。

俄羅斯：前蘇聯在一九六八年建成了基斯洛實驗潮汐電站，

裝機容量四百千瓦。採用浮運預製沉箱法施工獲得成功，節約了資金和工期。

　　印度：在對海洋能源的開發利用上，印度也逐漸加大投入，印度一九九四年引入了美國技術，在泰米爾納德邦近海投資五億美元，建設了一座十萬千瓦的海洋溫差發電裝置。

　　印尼：印尼於一九八八年在挪威的幫助下，在峇里島建造了一座一千五百千瓦的波力電站，並制定了一個發電計畫 —— 建造數百座波力電站並連網。

　　有數字顯示，目前有三百三十九座潮汐電站在十三個國家運行、在建、設計、研究及擬建。其中，英、加、俄、印、韓等在規劃設計和進行技術經濟論證的十多座潮汐電站，都是十至一百萬千瓦級的大型電站，其中一些計畫電站總裝機容量超過一千萬千瓦。據預測，到二〇二〇年，在英、加、俄、印等國將會有一百萬千瓦級的潮汐電站建成。

雷射擊毀目標之謎

　　「用光殺人」在古代傳說中就有記載。《封神演義》中的「哼」「哈」二將，還能用鼻孔中噴出的光來使敵人喪命；科學幻想中也早就有「魔光」、「死光」的說法。然而直到一九六〇年出現雷射後，這些幻想才成為現實。

雷射及雷射武器

二十世紀以來繼原子能、電腦、半導體之後，人類的又一重大發明是雷射，被稱為「最快的刀」、「最準的尺」、「最亮的光」和「奇異的雷射」，它是太陽光亮度的一百億倍。早在一九一六年著名的物理學家愛因斯坦就發現了它的原理，但雷射被首次成功製造要到一九五八年。雷射是在有理論準備和生產實踐迫切需要的背景下應運而生的，它一問世，就獲得了異乎尋常的飛快發展。雷射的發展，不僅使古老的光學科學和光學技術獲得了新生，而且導致整個一門新興產業的出現。

一九六〇年代末期，雷射技術被應用到軍事領域。雷射在軍用技術上的應用，可分為兩大類：一是用雷射直接摧毀目標，如雷射武器；二是用雷射提高現代武器威力或創新軍事裝備，如雷射測距、雷射導引、雷射雷達、雷射通訊等。

雷射作為武器有很多獨特的優點。首先，它可以用光速傳播，每秒可達三十萬公里，這是任何一種武器都達不到的速度。它根本不需要考慮提前量，一旦瞄準，幾乎不要什麼時間就立刻擊中目標。另外，它還可以在極小的面積上、在極短的時間內，集中超過核武器一百萬倍的能量；還能很靈活的改變方向，沒有任何放射性汙染。

雷射武器分為三類：一是用來擊落導彈和飛機的近距離戰術型，一九七八年美國進行的用雷射打陶式反坦克導彈的實驗就是用的這類武器；二是致盲型，如機載致盲武器；三是遠

距離策略型，這一類的研發困難最大，但一旦成功，作用也最大，可以反衛星、反洲際彈道導彈，成為最先進的防禦武器。

雷射擊毀目標的原理

既然雷射有這麼多重要的功能，那麼雷射是如何擊毀目標的呢？

科學家認為，雷射擊毀目標的方式有兩種：穿孔和層裂。所謂穿孔，就是高功率密度的雷射光束迅速熔化靶材表面，進而將其汽化蒸發，汽化物質向外噴射，反衝力形成衝擊波，在靶材上穿一個孔；所謂層裂，就是靶材表面吸收雷射能量後，原子被電離，形成等離子體「雲」，「雲」向外膨脹噴射形成應力波向深處傳播。應力波的反射造成靶材被拉斷，形成「層裂」破壞。除此以外，等離子體「雲」還能輻射紫外線或 X 光，破壞目標結構和電子元件。

雖然雷射武器只能作用很小的面積，但在破壞目標的關鍵部位上，能造成目標的毀滅性破壞。這與驚天動地的核武器相比，完全是兩種截然不同的風格。

有記載的首次試用成功的戰例是在一九七五年，前蘇聯軍隊用陸基雷射武器實驗「反衛星」，讓兩顆美國飛抵西伯利亞上空監視蘇聯導彈發射井的偵察衛星瞬間致盲，失去了效力。一九七六年，美軍使用 LTVP － 7 型坦克載雷射炮防空，數秒之內就擊落了兩架有翼靶機和直升機靶機。

美國在一個高能量雷射器一九七七年夏，又首次摧毀了一

個飛行中的導彈目標。

　　一九八九年二月二十三日，美海軍在新墨西哥州懷特桑茲導彈靶場，用代號「米拉克爾」的中紅外高能化學雷射器，第一次成功攔截和擊毀了一枚快速低飛的巡航導彈。當飛過這個靶場上空時，該彈在其頭錐處猝發了一瞬窄光，導彈立即失去了控制而墜落。這表明，將來在軍艦上也完全可以裝備這種防禦武器系統。

　　軍用雷射器處處大顯身手，有著各種各樣的用途和不同的類型，它們都將在今後的戰場上擔任著各自的角色。

　　在導彈雷射導引中，透過不斷調整雷射光束方向，操縱人員可以直接將雷射光束對準已發射出去的導彈，將導彈導引到所要攻擊的目標。經過編碼後雷射訊號可用數個指示器分別控制數枚導彈攻擊各自的目標，還可以制導來自一個或數個方向相繼發射出來的導彈。

　　一九七二年美國在越南戰場上首次投下雷射導引炸彈開始了雷射導引武器在戰爭中的應用，當時，美國飛機用二十枚雷射導引炸彈，摧毀了十七座橋梁，戰果卓越。在隨後的近二十年中，在中東戰爭、馬島戰爭、貝卡戰爭和海灣戰爭中都普遍投入使用，並發揮了重要作用。

雷射的多種用途

　　雷射除了以上用途，還可以應用於戰場通訊。通訊在各種戰爭中是相當重要的。下達命令，集結軍隊，發起進攻等等，

從各軍兵種的配合、協調到分隊與分隊、士兵與士兵之間的聯絡，處處都離不開通訊。

最早的通訊主要靠人馬飛跑，舉燈燃火等原始手段，而此後通訊主要靠有線電話、無線電報、步話機等等。而雷射通訊不僅速度快，還能抗干擾，不易攔截，能溝通空中、地面和水下，會在海底、地面、大氣空間和外太空構成一整套「立體」交叉雷射通訊網。

此外，雷射還能用於模擬、報警和雷射對抗。雷射模擬器可以模擬炮彈、火箭或導彈的發射，進行人員實戰演習培訓，評定射擊結果；還可傳遞敵我雙方坦克交戰結果的資訊。一般採用半導體雷射器，可以精確確定目標和類比炮彈的三維座標，並可向目標發送射擊結果。近幾年，我軍進行的雷射紅外軍事演習訓練已廣泛採用雷射技術，並已取得成熟經驗。

相關連結 —— 什麼是雷射雷達

用很窄的雷射波束對某一地區或空域進行掃描，並得出雷達圖，就是雷射雷達。

雷射雷達作為軍用探測器具有巨大的應用潛力。近年來，隨著有關軍事器件和技術的迅速發展，雷射雷達在近距離、高精度和成像方面的優勢得到了巨大發揮。作為測距的高級形式，雷射雷達主要在於測量精度極高，能達一公分，比微波系統要高一百倍。

藍牙技術的實現

藍牙技術實際上是一種短距離的無線電技術。它可以使掌上型電腦、筆記型電腦和行動電話手機等行動通訊終端設備之間的通訊得到有效的簡化，也能夠成功的簡化以上這些設備與網際網路之間的通信，從而使這些現代通訊設備與網際網路之間的資料傳輸變得更加迅速而高效，拓寬無線通訊的道路。

簡言之，藍牙技術就是讓一些輕易攜帶的行動通訊設備和電腦設備不必借助電纜就能連網，實現無線上網際網路。其實際應用範圍還可以組成一個巨大的無線通訊網路，拓展到各種家電產品、消費電子產品等資訊家電。

藍牙名稱的來源

藍牙，這個名稱在英文裡的意思可以被解釋為 Bluetooth（藍牙），來自於第十世紀的一位丹麥國王哈拉爾德的別名。哈拉爾德國王憑藉其出色的溝通能力，使丹麥歸於統一，他平時因喜歡吃藍莓而「長有」一口藍色的牙齒。在行業協會的籌備階段，科研人員需要一個極具有表現力的名字來對這項新高科技進行命名。在經過一夜關於歐洲歷史和未來無限技術發展的討論後，行業組織人員中的一些人認為用國王的名字命名再合適不過了。國王口齒伶俐，善於交際，將現在的挪威、瑞典和丹麥統一起來；而這項即將面世的技術將被定義為保持著個各系統領域之間的良好交流，允許不同工業領域之間的協調工作，

例如計算，手機和汽車行業之間的工作。名字就這麼定下來了。

　　藍牙設備使用 2.45GHz 的頻段，這是在全球通行、不需要申請許可的，因此在辦公室、家庭和旅途中，也不需要在任何電子設備之間布設專用的線纜和連接器。透過藍牙遙控裝置，還可以在該裝置周圍組成一個「微網路」，即形成一點到多點的連接，網內任何藍牙收發器都可與該裝置互通訊號。而且，這種連接不需要複雜的軟體，它收發訊號的有效範圍一般在十公尺甚至一百公尺。

藍牙技術的諸多優勢

　　藍牙技術具有諸多的技術優勢（尤其是全球的成員公司可以免費使用藍牙無線技術規格）。為了減少使用凌亂的電線，實現無縫連接、立體聲、傳輸資料或進行語音通訊，許多行業的製造商都積極在其產品中實施這項技術。藍牙技術在 2.4GHz 波段運行，該波段是一種無需申請許可證的工業、科技、醫學無線電波段。所以，藍牙技術的使用不需要支付任何費用。

　　其次，藍牙技術還得到了空前廣泛的應用，集成該技術的產品有智慧型手機、無線耳機、汽車、醫療設備，從消費者、工業市場到企業等等都有使用該技術的用戶。低功耗，小體積及低成本的晶片解決方案使得藍牙技術甚至可應用於極微小的設備中。

　　另外，作為一項即時技術，藍牙技術不要求固定的基礎設施，而且容易安裝和設置，實現連接不需要電纜。新用戶使用

也不費力，只需擁有藍牙品牌的產品，檢查可用的設定檔，將其連接至使用同一設定檔的另一藍牙設備就可以使用。後續的和在 ATM 機器上操作一樣簡單。外出時，還可以隨身帶上個人區域網路，甚至可以與其他網路連接。

總之，藍牙無線技術是當今市場上支援範圍最廣泛、功能最豐富且安全的無線標準。

藍牙的廣泛應用

藍牙技術在家庭、工作、娛樂等方面都具有廣泛的應用價值。

在現代技術的影響下，人們越來越傾向於在家裡辦公，生活也變得更加隨意而高效。人們可以透過使用藍牙技術產品，免除居家辦公電纜纏繞的苦惱。滑鼠、鍵盤、印表機、筆記型電腦、耳機以及喇叭等，都可以在 PC 環境中無線使用。這不僅能增加辦公區域的美感，室內裝飾也因此多了很多創意和自由。此外，透過在行動設備和家用 PC 之間同步連絡人和行事曆的資訊，使用者還能夠隨時隨地存取最新的資訊。

藍牙設備在使居家辦公邊等更加輕鬆的同時，也使家庭娛樂變得更加便利，比如主人可以不必單獨離開去選擇音樂而撇開客人，在三十公尺以內就可以無線控制儲存在 PC 或 Apple iPod 上的音訊檔。另外，如果應用在擴充卡中，藍牙技術還可以允許人們從相機、智慧型手機、電腦、智慧電視發送資料。

藍牙技術在工作中同樣可以發揮巨大的作用。過去的辦公

室，總會因各種電線糾纏不清而非常混亂。而透過藍牙無線技術，如今，辦公室裡再也看不到凌亂的電線，整個辦公室也有條不紊的像一台機器一樣高效率運作。PDA 可與電腦同步以共用行事曆和連絡人列表，周邊設備可直接與電腦通訊，透過藍牙耳機員工可在整個辦公室內邊走接聽電話，所有這些都無需電線連接。

另外，無論是在一個未連網的房間裡工作，還是想要召開一個熱情洋溢而又實現互動的視訊會議，透過藍牙無線技術，我們都可以輕鬆開展會議、提高效率並增進創造性協作。目前，市場上許多產品都支援透過藍牙連接從一個設備向另一個設備無線傳輸檔。

與此同時，藍牙技術還能很好的為人們提供在途中訪問重要資訊或通訊的個人連接能力。智慧型手機、筆記型電腦、耳機和汽車等，只要具有藍牙技術，都能夠在旅途中實現免持聽筒通訊，讓用戶身處熱點或有線寬頻連線範圍之外仍能保持網路連接，以及在 PC 和行動設備之間同步連絡人和行事曆以訪問重要資訊。

此外，人們還可以在等待公共汽車還是乘坐火車時使用藍牙技術打發時間。裝有遊戲的設備，可以搜索啟用類似設置的設備來進行多人遊戲。查找身邊有相同興趣的其他人，可以使用在藍牙電話上運行的軟體應用程序，或只是用於識別那些在日常路線上遇到的藍牙設備，看看那些經常與我們有緣分的「熟

悉的陌生人」。透過藍牙技術，向啟用類似設置的手機發送消息，結交新朋友，擴大社群網路。

總之，藍牙技術的應用，為現代人提供了諸多的快捷和方便。

相關連結 —— 藍牙與紅外線的比較

在有藍牙之前，紅外線傳輸是為大家所熟識的無線通訊界的老大。紅外線通訊技術適合於低成本、跨平台、點對點高速資料連接，尤其是嵌入式系統，主要應用於設備互聯、資訊閘道器等。設備互聯後可完成不同設備內檔與資訊的交換；資訊閘道器負責連接資訊終端和網路路。

但是，紅外線必須在可視範圍內，紅外線介面的傳輸技術才能起作用，這是它致命的缺點。藍牙正是因為其這一弊端的存在而找到了自己的發展契機。

藍牙技術被提出來是為了一種「電纜替代」的技術，發展到今天已經演化成了一種個人資訊網路的技術。它將內嵌藍牙晶片的設備互聯起來，提供話音和資料的接入服務，實現資訊的自動交換和處理。

藍牙主要針對三大類的應用：話音、資料的接入，周邊設備互聯和個人區域網路。話音、資料的接入是將一台計算設備透過安全的無線鏈路連接到一個通訊設備，完成與廣域通訊網路的互聯；周邊設備互聯是指將各種外設透過藍牙鏈路連接

到主機；個人區域網路的主要應用是個人網路和資訊的共用和交換。

　　藍牙技術目前已經擁有了巨大的開發和生產能力，獲得了兩千餘家企業的回應。

電腦特效的廣泛應用

　　《侏羅紀公園》裡凶猛逼真的恐龍，《星際大戰》中造型奇異的外星人，《古墓奇兵》裡身手敏捷的美麗蘿拉，以及許多好萊塢大片中的虛擬形象，栩栩如生的模樣都給觀眾留下了深刻印象。人們在驚歎的同時也充滿疑問：這些逼真的形象是怎麼製造出來的？

　　事實上，這一切神奇的效果都是用電腦特效製造出來的。隨著電腦的發展及 3D 動畫技術的完善，電腦特效已成為現代電影製作不可缺少的一種手段。

電腦特效的產生

　　電腦特效的產生，要歸功於一家名叫「矽谷圖片」的電腦技術公司。

　　「矽谷圖片」公司坐落在舉世聞名的「矽谷」，在公司大廳裡展覽著它那富有魔力的電腦系統。它們從外觀上看和普通電腦大不相同，顏色不是通常的米色或灰色，而採用活潑的紫色、絳紅色、綠色等。這些看起來很花俏的機器，可是遠遠領先於

現有的其他多媒體電腦。它們都是史丹佛大學資訊學教授、「矽谷圖片」公司創始人之一詹姆斯·克拉克設計的。

克拉克教授與他的學生們一起研發了一些特殊的晶片和軟體，它們產生的圖片既有立體感，也有超過現有電腦圖片的清晰度。之所以產生這樣的效果，是因為這些圖片是由上百萬像素組成的，以三十幀／秒以上的高速刷新畫面，因而可以產生唯妙唯肖的動作。

這些電腦還能「解剖」人的身體。如果你來到「矽谷圖片」公司的演示室，坐上一把黑色的椅子，就會發現旁邊的牆壁射出紅色的雷射，照射在你身體上。半分鐘之後，這個人的肌肉和骨骼組織的三維結構就會出現電腦螢幕上。螢幕上的「人」在電腦指揮下還能夠做出各種各樣的表情。其生理結構非常逼真，即使專業人員也看不出破綻。

電腦特效在電影中的應用

電腦特效產生後，便越來越廣泛應用於電影製作。很多資深電影導演甚至認為，整個電影界都會受到電腦技術的影響。電腦將徹底改變電影的製作方式。僅僅依靠攝影機拍電影將會失去觀眾。

一些成本高、危險性大或難以在現實生活中拍攝的鏡頭和景象經常會出現在影片拍攝生產過程中，這時就需要電腦特效幫忙了。如今，電影特效的製作隨著數位技術的發展有了極大的飛躍。電子影像的形成、數位技術、電腦圖形學的發展，更

為數位特技奠定了基礎，數位特技即利用電腦處理數位化後的影音訊號的方法，實現視覺和聽覺上的特殊效果。

在《侏羅紀公園》中有這樣一組鏡頭：一群恐龍（電腦特效人員在電腦螢幕上製作的數位恐龍）在廣袤無垠的草原（取景自非洲草原）上捕獵。電腦特效人員把非洲草原的照片先輸入電腦，同時將恐龍的形象嵌入真實的照片內，然後再模擬兩架照相機的多次影像過程，把照片上僅有的一頭恐龍變成十多頭。然後，繪畫專家再將恐龍每一秒鐘之內的動作分解為二十四幅連續變化的靜止畫面，將每幅畫面按照上述過程再製成電影膠片。經放映機放映後，觀眾就能欣賞到銀幕上恐龍捕獵的奇幻場景了。

電腦還可以「製造」除恐龍外的其他動物。比如現實中肯定不存在美國科幻大片《金剛》中那個巨大的黑猩猩，這個龐然大物以前要靠模型來完成表演，而現在運用電腦程序就可以將金剛製造出來。在奇幻片《納尼亞傳奇：獅子、女巫和魔衣櫃》中，一些現實生活中不存在的魔獸，例如影片中的獨角獸、半人半羊戰士等，都可以被數位三維動畫技術逼真的創造出。

電腦特效還可以無中生有。功夫片巨星李小龍的兒子李國豪在拍攝驚悚片《烏鴉》時，死於道具手槍走火。這時影片還只拍了一半，在徵得李國豪家屬同意後，公司用雷射「解剖」了他的屍體讓他在銀幕上「活」了過來。這部影片也因此獲得了相當可觀的票房收入。在引起轟動的影片《阿甘正傳》中，當代影星

　　湯姆·漢克斯竟然與已故的美國前總統甘迺迪和尼克森握手、擁抱，這是以當時的記錄片為原材料「偷天換日」，透過電腦加入到影片中的。

　　在電影視覺效果方面，電腦還可以處理圖片，改變原有影像的顏色、飽和度及亮度等。比如在奇幻片《康斯坦汀：驅魔神探》中，整體色彩非常濃重，對比度很強。雖然片中有大量昏暗的場景，但是畫面層次感在電腦特效的配合下依然突出。

　　此外，電腦還可以去掉圖片中一些不需要的內容，比如哈利·波特臉上的小痘痘：幾年前，幾個小演員拍攝「哈利·波特」系列影片第一部《哈利波特：神祕的魔法石》的時候，不過是十一二歲的童星。幾年過去後，小演員們步入了青春期。在拍片過程中，他們的青春痘不合時宜的集體爆發了。這些「小魔法師們」對自己臉上的青春痘束手無策。化妝師試圖覆蓋上厚厚的粉底，但這樣卻影響了拍攝的畫面效果。於是，製片人和導演只好高薪聘請了一名電腦特效高手，為小演員們逐幀畫面的修圖「去痘」，才使得小演員們在螢幕上顯得完美無瑕。

　　總之，影片因為電腦特效的出現和運用增加了不少新鮮元素。觀眾總是為其其逼真的畫面、超凡的想像大為驚歎。但也有人對此提出疑慮：既然影片中的道具、場景，乃至演員隨著電腦技術的高速發展都可以進行虛擬，假以時日，影壇將會受到巨大衝擊，這樣的結局對於人類文明來說，到底是福還是禍呢？

延伸閱讀 —— 揭祕數位電影

作為一種高科技發展的產物，數位電影誕生於一九八〇年代。伴隨著電腦技術的飛速發展和普及，許多傳統電影製作中做不到的鏡頭就借助電腦就可以完成，或者是運用電腦技術使影片變得更加完美，於是，數位技術就被引入了傳統電影中。

從全球角度來看，經過初期階段的探索，數位電影技術已經很成熟，創作人員已經用數位特技與傳統攝製、傳統特技融為一體的表現手法代替了過去單純的運用數位特技。在很多國家，特別是美國，一大批既極富藝術品味又掌握現代數位技術的創作人員湧現出來，也創作出一大批的視聽效果極佳的影片。

數位電影的製作、傳輸和放映是透過數位方式（即「0」和「1」方式）完成的，是指以數位技術和設備攝製、製作存儲，將數位訊號還原成符合電影技術標準，並透過衛星、光纖、磁帶、光碟等物理媒體傳送的影像與聲音，並且在銀幕上放映的影視作品。

現在的數位電影有三種製作方式：一種是電腦生成；再是膠片攝影機；還有用高清攝影機拍攝。從拍攝方式的效果看，前兩種方式拍攝的圖片品質要遠遠的插於用高清晰攝像機拍攝的圖片品質。

數位電影不僅能確保影片永遠光亮如新，確保畫面沒有任何抖動和閃爍，而且還能避免傳統電影中出現的膠片老化、褪色等現象，從而使觀眾再也不受畫面的劃痕磨損現象的困擾。

另外，數位電影節目的發行由於不再需要大量的膠片，不但節約發行成本而且有利於環境保護。以數位方式傳輸的節目，在整個傳輸過程中都不會出現品質損失。可以這麼說，無論多少家數位影院，也不管它位於地球的什麼位置，數位電影訊號一旦發出，可以使不同地區的觀眾同時欣賞到同一個高品質的數位節目。

在電影史上，迪士尼的《玩具總動員》是第一部全 3D 動畫長片。整部電影長七十七分鐘，全電腦製作的 3D 鏡頭一共有一千五百六十一個，耗時四年，動用了一百一十個工作人員，成本為三千萬美元。一九九九年五月，首批數位電影院在美國出現，首部無膠片數位電影《玩具總動員 2》也在迪士尼公司誕生。

展望燃料電池的未來

燃料電池，就是一種把燃料的化學能直接轉換成電能的裝置。當燃料和空氣被分別送入燃料電池時，電能就會產生出來。與傳統電池作對比，燃料電池更加乾淨、效率更高，而且無噪音，還不需要充電。燃料電池類似於內燃機，需要用燃料作為能源，可以用氫當作燃料，也可以添加一個氫變換器，直接用甲醇、天然氣、甚至汽油、柴油、煤等作燃料。由於電能是燃料電池直接把燃料的化學能轉變成的，因此沒有內燃機的燃燒過程、相關的傳動組件以及造成的汙染，而且能源效率高

達百分之八十（電能加熱能）。

近幾年來，一次性能源逐漸匱乏，大眾對環境保護的關注度日益提高，開發利用新的清潔再生能源呼聲也越來越高，而燃料電池就成為再生新能源中的代表了。一九九〇年代，美國戴姆勒—克萊斯勒公司的甲醇改質型燃料電池汽車從舊金山出發，成功橫穿了北美大陸，十六天後平安抵達華盛頓特區。這是燃料電池汽車首次成功橫穿北美大陸，行駛距離為五千兩百五十公里，最高時速達到一百四十五公里。

燃料電池的性能

實際上，燃料電池早就不是什麼新鮮的玩意了。早在西元一八三九年，英國人 W・葛洛夫就提出了氫和氧反應可以發電的原理，這就是最早的氫 —— 氧燃料電池。燃料電池屬於一種化學電池，它將氫氧發生化學反應時釋出的能量直接變換為電能。從這一點看，它與其他化學電池如錳乾電池、鉛蓄電池等非常相似。但是在工作時，它需要被連續的供給活物質（起反應的物質）—— 燃料和氧化劑，這又不同於其他普通化學電池。它之所以被稱為燃料電池，是因為它是把燃料透過化學反應釋出的能量變為電能輸出的。燃料電池主要由燃料電池電堆、燃料供給系統、穩壓整流系統及系統狀態監控系統三個主要部分組成。

燃料電池由正極、負極和夾在正負極中間的電解質膜組成，是利用水的電解逆反應的「發電機」，電解質膜從開始時的

利用電解質滲入多孔的板形成正發展為現在直接使用固體的電解質，即質子交換膜來形成。燃料電池工作時，需要外界向負極供給燃料（氫），向正極供給氧化劑（空氣）。氫在負極分解成正離子 H^+ 和電子 e^-。氫離子會進入電解液中，而電子則沿外部電路移向正極，用電的負載就接在外部電路中。在正極上，空氣中的氧同電解液中的氫離子吸收抵達正極上的電子形成水，這也正是水的電解反應的逆過程。利用這個原理，燃料電池就可以在工作時源源不斷的向外部輸出電了，所以它也被稱為一種「發電機」。

反應過程中不涉及到燃燒是這種裝置的最大特點，能量轉換率高達百分之六十至百分之八十，在實際使用效率方面則是普通內燃機的二至三倍。另外，它還具有許多優點，比如：燃料多樣化、排氣乾淨、噪音低、對環境汙染小、可靠性及維修性好等。

對燃料電池的使用

由於航太和國防的需要，一九六〇年代初，逐漸開發了液氫和液氧的小型燃料電池，並應用於空間飛行和潛水艇。如今，因為燃料電池的優點諸多，它不僅被用於國防事業，還被用於各種高新科技的產品當中。

在研究可攜式燃料電池方面，日本取得了不錯的成果，至今已有二十多種產品問世。他們推出的筆記型電腦使用的燃料電池，工作時間可達二十小時以上，是鋰電池使用時間的三至

四倍。而日本最大的手機製造商 —— NEC 公司，也已研發成功使用甲醇和奈米技術的燃料電池。用戶只要將這種電池放置到手機當中，那麼在一個月內都無需對手機進行充電。

燃料電池的缺點及不斷改進

由於目前燃料電池的成本太高，所以還沒有實現商業化。例如：現在製造一輛燃料電池車的花費大約是普通內燃機汽車成本的一百倍。就算那些小批量生產的車型，所花費的成本也是普通汽車的十倍左右。科學家們針對這些問題，一邊努力的尋找解決的方法，一邊繼續研究可替代的更廉價的反應物質。

美國科學家在二〇〇四年聲稱他們開發出了一種高效能的微生物燃料電池，它們能使細菌從有機廢水中產生大量氫（氫產率是傳統發酵過程的四倍）。這種微生物燃料電池在作為清潔能源產生氫的同時還可以淨化有機廢水。

目前，在處理有機廢水的發酵過程中，細菌只能不完全的分解廢水中所含有機物，反應只能產生少量氫，細菌無法繼續反應的階段被稱為「發酵障礙」。但是，如果在反應中人為的給細菌加上 0.25 伏特的電「刺激」，那麼就可以克服「發酵障礙」這一過程了，從而使細菌將反應進行到底。而在細菌分解有機物時，將電子傳送到電池的陽極，同時將質子傳送到電池陰極，用導線在電池之外將兩個電極連接起來，質子和電子結合就可以產生氫，反應的最終產物還有水和二氧化碳。

不過，目前這種方法的推廣和壽命問題還在科學家的考察

當中。也許燃料電池在未來的十幾年後，將不再僅僅存在於實驗室和研究中心，而是進入人類的日常生活當中。當然，我們也萬分期待這種清潔再生的能源時代早日到來。

新知博覽 —— 金字塔能

　　金字塔能是法國人鮑維斯發現的。一九三〇年代的下半葉，鮑維斯在古夫大金字塔參觀遊覽時，發現有一個垃圾桶位於塔高三分之一處一個叫做「王室」的廳堂內。儘管「王室」的溫度相當高，可堆放在桶內的有機物質（如貓狗之類的小動物屍體），竟然很長時間以來沒有腐爛變質，反而脫水和木乃伊化了。鮑維斯於是就突發奇想，回去後動手做了一個按比例縮小的金字塔形構造物。作為一種簡單的幾何圖形，金字塔模型的製作和實驗都很簡便。據介紹，可採取底邊長 12 公分，稜長 11.4 公分，高 8 公分或底邊 9 公分，稜長 8.55 公分，高 6 公分這樣兩種比例。模型的大小可以根據被實驗物情況，從 8 公分至 2.3 公尺高。實驗時一定要對準南北方向，不要把模型靠近牆壁、金屬物和電器旁。鮑維斯將死貓放在金字塔形構造物三分之一高處的平台上，結果死貓同樣沒有腐爛，而是木乃伊化了。在用其他有機物質做同樣實驗後得到的了仍然是相同的結果。

　　此後，許多人開始對此進行實驗研究，實驗結果證明，在金字塔的該位置還能保存食物等許多東西。由此，人們估計有

在金字塔形構造物內有一種「金字塔能量」，這裡彙集了來自各個方向的微波，使它們諧振倍增。

在進一步研究之後，鮑維斯提出了一個平面金字塔的概念，並設計了一個圓錐體的「費拉納根實驗性感受器」。實驗證明，這種圓錐體能夠和金字塔形構造物一樣產生同樣現象和效果。然而，這些只能說是對「金字塔能量」的一種解釋。至於「金字塔能量」的奧祕，還有待於進一步研討。

太空梭帶來的成就

作為世界行航太史上的一個重要里程碑，太空梭的發明實現了人類進入太空的夢想。太空梭是集火箭、衛星和飛機技術特點於一身，既能像火箭那樣可以垂直發射進入空間軌道，又能像衛星那樣在太空軌道中飛行，還能像飛機一樣再入大氣層滑翔著陸。可以說，太空梭是一種新型、多功能的航太飛行器。

太空梭的結構及性能

太空梭是一種載人太空飛行器，垂直起飛、水平降落，以火箭引擎為動力發射到太空，並能在軌道上運行，還可以往返於地球表面和近地軌道之間，可部分重複使用。

太空梭主要由三大部分組成：軌道器、固體燃料助推火箭和外儲箱。固體燃料助推火箭共兩枚，它們與軌道器的三台主引擎發射時同時點火。當太空梭上升到五十公里高空時，兩

枚助推火箭就會停止工作並與軌道器分離，回收後經過修理可重複使用二十次。外儲箱內部裝有供軌道器主引擎使用的推進劑，是一個巨大的殼體。主引擎在太空梭進入地球軌道之前會熄火，外儲箱與軌道器分離，從而進入大氣層燒毀，所以它也是太空梭元件中唯一不能回收的部分。

太空梭載人的部分是軌道器。它具有寬大的機艙，並可以根據航太任務的需要分成若干個「房間」。有一個可容納大型設備的大的貨艙。軌道器中可以乘載三名如指令長或機長、駕駛員、任務專家等職業太空人和四名非職業太空人。艙內的大氣為氮氧混合氣體。太空梭在太空軌道完成飛行任務後，軌道器會下降返航，如同一架滑翔機一樣，在預定的跑道上水平著陸。軌道器一般可重複用一百次左右。

太空梭作為往返於地球與外太空的交通工具，結合了飛機與太空飛行器的特性，外形像飛機，又像有翅膀的太空船。太空梭的翼在回到地球時，會提供空氣煞車作用，以及在降跑道時提供升力。太空梭升入太空時，與其他單次使用的載具一樣，是用火箭動力垂直升入。太空梭因為機翼的關係酬載比例較低。

太空梭的出現及發展

美國航空暨太空總署在一九六九年四月提出建造一種可重複使用的航太運載工具的計畫。一九七二年一月，美國正式在計畫中列入太空梭空間運輸系統的研發，確定了太空梭的設計

方案，即由可回收重複使用的固體火箭助推器、不回收的兩個外掛燃料儲箱和可多次使用的軌道器三部分組成。

　　一九七七年二月，經過五年時間，美國研發出了一架創業號太空梭軌道器，波音 747 飛機馱著它進行了機載實驗。一九七七年六月十八日，首次載人用飛機背上天空試飛，參加試飛的是太空人海斯（C‧F‧Haise）和富勒頓（G‧Fullerton）兩人。八月十二日，載人在飛機上飛行實驗圓滿完成。又過了四年，第一架載人太空梭終於出現在太空，從而成為航太技術發展史上的又一個里程碑。

　　雖然有許多國家都在對太空梭進行研發，但成功的發射並回收過這種交通工具的只有美國與前蘇聯。然而由於蘇聯瓦解，相關的設備哈薩克接收，因為受限於沒有足夠經費維持運作，只能將整個太空計畫暫時擱淺。因此，全世界僅有美國的太空梭機隊可以實際使用並執行任務。

　　一九八一年四月十二日，卡納維爾角甘迺迪航太中心，上百萬人觀看了第一架太空梭「哥倫比亞號」太空梭發射，太空人是翰‧楊（John W‧Young）和克裡平（Robert L‧Crippen）。兩天後，太空梭安全返回。這也揭開了航太史上新的一頁。

　　這架總長約五十六公尺，翼展約二十四公尺的太空梭，起飛重量約兩千零四十噸，起飛總推力達兩千八百噸，最大有效載荷二十九點五噸。它的核心部分軌道器長三十七點二公尺，

大體上與一架 DC － 9 客機大小相仿。每次飛行最多可載八名太空人，飛行時間七至三十天，軌道器可重複使用一百次。

美國從一九八一年至一九九三年底一共有五架太空梭飛行了五十九次，其中「哥倫比亞號」太空梭飛行十五次，「挑戰者號」飛行十次，「發現號」飛行十七次，「亞特蘭提斯號」飛行十二次，「奮進號」飛行五次。每次載太空人二至八名，飛行時間二至十四天。在這十二年中，有三百零一人次（包括十八名女太空人）參加了太空梭的飛行。在這五十九次飛行中，航太人員共在太空施放衛星五十多顆，載兩座空間站到太空軌道，發射了三個宇宙探測器，一個空間望遠鏡和一個 γ 射線探測器，進行了衛星空間回收和空間修理，開展了一系列科學實驗活動，當然也取得了豐碩的探測實驗成果。

美國航太事業進入二十一世紀後發展也相當紅火。二〇〇三年又一次發射了「哥倫比亞號」。但不幸的是，太空梭在返回地面過程中突然在空中解體，七名太空人全部罹難。

二〇〇五年八月九日，在美國加州的愛德華茲空軍基地，美國「發現號」太空梭安全降落，結束了長達十四天的太空之旅。這是美國太空梭自「哥倫比亞號」太空梭失事後，首次順利的重返太空，並且平安回家。

二〇〇六年，「發現號」太空梭在佛羅里達州甘迺迪航太中心成功著陸。「發現號」 此次順利完成了國際空間站維修和建設任務，並為國際空間站送去一名太空人。

二○○九年五月十一日，在佛羅里達州甘迺迪航太中心，美國「亞特蘭提斯號」太空梭發射升空，機上七名太空人將對哈勃太空望遠鏡進行最後一次維護。二十四日，「亞特蘭提斯號」太空梭載著七名太空人安全降落，並圓滿完成了對哈勃太空望遠鏡最後一次維護的飛行任務。

　　二○○九年七月十五日，美國「奮進號」太空梭從佛羅里達州甘迺迪航太中心成功升空，啟程前往國際空間站日本艙安裝最後一個元件。

相關連結 ──「黑盒子」的由來

　　一九五八年，一位墨爾本工程師發明了「黑盒子」。一九○八年，美國在發生了第一起軍用飛機事故後，飛行事故不斷發生，一種追憶事故發生過程原因的儀器就應運而生。

　　飛行記錄裝備儀器二戰期間在軍用飛機上開始應用，後來又發展到民航飛機上。這種飛行記錄儀就被稱為「黑盒子」。之所以這樣稱呼，是因為為了保證設備在飛機出事故後不被破壞，將這種飛行記錄儀裝進了堅固的盒子裡。這種盒子堅固，是用耐高溫（六百度至一千一百度）、承重壓（一噸重的壓力）、耐腐蝕的金屬材料做成的。不過「黑盒子」並非黑色，並不是根據它的外表顏色命名，之所以這樣叫，是因為當事故發生後很多人們需要了解的資料具有神祕色彩。此後，人們把各種事後追憶現場資料記錄的儀器引申統稱為黑盒子。而「黑盒子」作

為人們概念中可靠的寶貴證據的代名詞也逐漸流行開來。

　　大多數客機和軍用飛機上目前安裝有兩種黑盒子。一種被稱為飛機資料記錄器（FDR），專門記錄飛行中的如飛行的時間、速度、高度、飛機舵面的偏度、引擎的轉速、溫度等各種資料，共有三十多種，並可累計記錄二十五小時。飛機起飛前，只要打開黑盒子，黑盒子就會收錄飛行時的上述種種資料。一旦出現空難，人們便能從黑盒子中找到整個事故過程中的飛行參數，知道飛機失事的原因。

　　另一種黑盒子（CVR）被稱為飛行員語言記錄器，它透過安放在駕駛艙及座艙內的喇叭就像答錄機一樣錄下飛行員與飛行員之間，以及座艙內乘客、劫機者與空中小姐的講話聲，記錄的時間為三十分鐘，超過三十分鐘錄音又會重新開始。因此，這個黑盒子保存的是空難三十分鐘前的機內資訊。

　　黑盒子隨著科技的迅速發展也在不斷更新換代。一九六〇年代的黑盒子（FDR）誤差較大，只能記錄五個參數。一九七〇年代開始使用能記下一百多種參數的數位記錄磁帶，保存最後二十五小時的飛行資料。一九九〇年代後出現了積體電路存儲器，類似於電腦中的記憶體條，可記錄兩小時的 CVR 聲音和二十五小時的 FDR 飛行資料，這樣就使使空難分析的準確度大大提高。

粒子對撞機

　　粒子對撞機這種裝置是在高能同步加速器基礎上發展起來的，主要作用是對相繼由前級加速器注入的兩束粒子流進行累積並加速，使其到一定強度及能量時進行對撞，以產生足夠高的反應能量。

粒子對撞機的原理及作用

　　粒子物理學是物理學前線學科，探索物質結構的基本組成成分、性質以及它們之間相互作用規律。由於這種研究需要借助高能實驗手段，因此粒子物理也被稱為「高能物理」。物理學研究物質及其作用和基本規律，是自然科學各個學科的重要基礎。而科學家利用直線對撞機，就能研究很多關於物質結構和宇宙最基本的問題了，比如：是否存在尚未發現的新的自然規律？是否存在四維時空以外的更高維的空間？暗物質是什麼？如何理解神祕宇宙的暗能量？等等。

　　而粒子對撞機的實驗結果十分激動人心，它可以模擬宇宙大爆炸最初的情況，並使人們第一次觀察到夸克—膠子等離子體及解除夸克的禁閉成為可能，諸多的「粒子工廠」會提供高精度的實驗室，更精確的檢驗標準模型，對粒子一反粒子變換及宇稱聯合反演破壞的規律進行研究，探索標準模型以外的新現象。

　　目前世界上功率最大的一台對撞機，是在紐約國家實驗室

的價值六億美元的相對重離子對撞機。它的兩台大型超導直線加速器能夠分別將正負電子加速到兩千五百億電子伏特的能量，質心系能量達到五千億電子伏特，以後還可以建造在總長約三百四十公里的地底隧道裡，擴展到一萬億電子伏特。在加速器裡，由電子槍產生的電子和由電子打靶產生的正電子加速，然後輸入到儲存環。正負電子在儲存環裡可以以接近三十萬公里／秒的速度相向運動、迴旋、加速，並以一百二十五萬次／秒的頻率不斷的進行對撞。其中，有物理研究價值的對撞反應每秒只有幾次。透過對這些資料的分析，科學家能夠進一步認識粒子的性質，從而揭示出個體世界的奧祕。

第一次粒子對撞

　　二〇〇三年六月，美國「對撞實驗」成功，開創了原子物質研究的新紀元，同時也是人類歷史上第一次粒子對撞。此次實驗是要在接近光速的情況下（光速的百分之九十九點九十五），使金原子核對撞，從而產生高達一萬億攝氏度的高溫。這個溫度是太陽溫度的一萬倍。

　　原子核內的質子和中子在如此高溫的條件下將會融化為夸克等離子體。就如同水在不同高溫下由固體變為液體，再由液體變為氣體一樣。一九六〇年代物理界提出了一個概念：「夸克」。有些物理學家認為，物質內部的質子和中子由夸克組成，而夸克是由一種被稱為膠子的粒子組成的。

　　物理學家在這以前，還提出一種理論，認為在整個宇宙在

起源的第一個百萬分之一秒時，都是由夸克和膠子的混合物組成的。而人類在這一次粒子對撞中，也第一次親眼目睹了這樣的景象。負責該專案的科學家稱，此次實驗的目的是製造為時僅為百萬兆分之一秒的夸克－膠子等離子體，隨後該等離子體又變為普通的物質。透過對這一過程的觀察，他們希望能找到物質組成的根本原因。雖然對撞實驗已取得初步成果，但它一面對對的眾多爭議還在繼續糾纏。

沃爾特・瓦格納給紐約國家實驗室寫信，詢問夸克－膠子等離子體的形成是否會造成蠶食地球的黑洞？國家實驗室為此專門邀請了一些知名物理學家，組成了一個專家小組，負責對潛在的危險進行調查。專家們透過調查後否定了存在危險的可能。二〇〇三年六月，該實驗小組終於被批准進行對撞實驗。然而，瓦格納為阻止這項實驗仍然在繼續尋求法律方面的支持。

對撞實驗的成功，突破了現有的環形對撞機的能量上限，產生了更高能量的粒子。但是，在絕大部分物理問題被解決後，還需要科學家們去回答這樣一些問題，比如：宇宙是否存在新的自然規律尚未被發現，如新的對稱規則和物理定律？是否存在四維以外的更高維空間？而要想深入這個個體世界，就需要用高能加速器產生高能量的粒子。這將有助於揭開許多謎底，包括關於宇宙的最大的一個謎 —— 暗物質。

世界上最大的粒子對撞機

二〇〇八年九月十一日，一個質子束沿著歐洲大型強子對

撞機二十七公里長的軌道完整運行了一週，世界上最大的粒子碰撞實驗首次大型測試成功完成。科學家認為，這是人類理解宇宙組成的重要一步。

據報導，實驗在位於瑞士和法國邊境的歐洲核研究中心中完成。瑞士當地時間上午九點三十二分左右，研究人員將質子束注入加速器中。電腦螢幕上在一系列測試後亮起兩個白點，標誌著質子光束在大型強子對撞機（價值三十八億美元）軌道中完整的運行了一週。隨後實驗負責人宣布質子運行正常。

粒子束運行在這次對撞測試中方向為順時針。歐洲核研究中心下一步計畫進行逆時針方向的粒子加速測試。而在最終將要進行的實驗中，兩個方向相反的粒子束將進行對撞。

之前曾有人擔心質子碰撞將會帶來世界末日。這些人認為，高速粒子流對撞產生的巨大能量產生的黑洞會瞬間吞噬地球。但是研究人員並不認同，他們聲明實驗是絕對安全的，這次實驗有可能發生的最危險事件是全速前進的粒子束失去控制，但即使是這種情況發生，也僅僅會損壞加速器。

作為世界最大的粒子加速器，大型強子對撞機建於瑞士和法國邊境地區地下一百公尺深處全長二十六點六五九公里的環形隧道中。開足馬力後，對撞機能把數以百萬計的粒子加速至將近每秒鐘三十萬公里，相當於光速的百分之九十九點九十九。粒子流單束粒子流能量可達七萬億電子伏特，每秒可在隧道內運行一萬一千兩百四十五圈。

據介紹，歐洲核研究中心的二十個歐洲成員國組織了這項實驗，有八十個國家的研究者。科學家希望，歐洲核研究中心的此次實驗能揭示反物質和可能隱藏的多維空間和時間，並找到證據證明假定微粒希格斯玻色子的存在。英國科學家彼得‧希格斯假設出的「希格斯玻色子」，被認為是物質的質量之源，其他粒子在希格斯玻色子構成的「海洋」中游弋，受其作用而產生慣性，最終才有了質量。

相關連結 —— 粒子加速器

　　粒子加速器是一種用人工方法產生高速帶電粒子的裝置。在我們的生活中，常見的粒子加速器有用於電視的陰極射線管及 X 光管等設施。

　　作為探索原子核和粒子的性質、內部結構和相互作用的重要工具，在工農業生產、醫療衛生、科學技術等方面，粒子加速器也都有重要而廣泛的實際應用。自 E‧拉塞福一九一九年用天然放射性元素放射出來的 α 射線轟擊氮原子首次實現元素的人工轉變後，物理學家就認識到：要想認識原子核，就必須用高速粒子來變革原子核。而天然放射性提供的粒子能量有限，只有幾兆電子伏特（MeV）；天然宇宙射線中粒子的能量雖很高，但粒子流又極為微弱，而且無法支配宇宙射線中粒子的種類、數量和能量，難於開展研究工作。因此，人們為了進行實驗研究，幾十年來研發和建造了多種粒子加速器，性能也

不斷提高。生活中的電視和 X 光設施等，都屬於小型的粒子加速器。

粒子加速器的結構一般包括三個主要部分：一是粒子源，可以為加速提供所需的粒子，有電子、正電子、質子、反質子以及重離子等；二是真空加速系統，其中有一定形態的加速電場，並且為使粒子在不受空氣分子散射的條件下加速，整個系統必須放在真空度極高的真空室內；三是導引、聚焦系統，利用一定形態的電磁場來引導並約束被加速的粒子束，使之沿預定軌道接受電場的加速。所有的這些結構，都要求尖端技術的綜合和配合。

粒子所能達到的能量和粒子流的強度（流強）是加速器的效能指標。按照粒子能量的大小，加速器可分為低能加速器（能量小於 108eV）、中能加速器（能量在 108 至 109eV）、高能加速器（能量在 109 至 1012eV）和超高能加速器（能量在 1012eV以上）。目前，低能和中能加速器主要用於各種實際應用。

科學家透過應用粒子加速器，發現了絕大部分新的超鈾元素和合成的上千種新的人工放射性核素，並對原子核的基本結構及變化規律進行了系統深入的研究，促使原子核子物理學迅速發展成熟起來。而高能加速器的發展，又使人們發現了包括重子、介子、輕子和各種共振態粒子在內的幾百種粒子，建立了粒子物理學。

加速器的應用近二十多年來已遠超出原子核子物理和粒子

物理領域，為材料科學、表面物理、分子生物學、光化學等其他科技領域都做出了重要貢獻。加速器還在工、農、醫各個領域中廣泛用於生產同位素、腫瘤診斷與治療、射線消毒、無損探傷、高分子放射線聚合、材料放射線改性、離子注入、離子束微量分析以及空間輻射模擬、核爆炸模擬等。世界各地迄今為止建造的粒子加速器數以千計，其中小部分用於原子核和粒子物理的基礎研究，而其餘的絕大部分都屬於以應用粒子射線技術為主的「小」型加速器。

VR —— 「虛擬實境」技術

虛擬實境技術，簡稱 VR 技術，是以沉浸式、交互式和構想式為基本特徵的電腦高級人機界面。它綜合利用了電腦圖形學、模擬技術、多媒體技術、人工智慧技術、電腦網路技術、並行處理技術和多感測器技術，類比人的視覺、聽覺、觸覺等感覺器官功能，從而使人能沉浸在電腦生成的虛擬境界中，並能透過語言、手勢等自然方式與之進行即時交互，創建出一種適人化的多維資訊空間。我們透過虛擬實境技術，不僅能夠利用虛擬實境系統感受到在客觀物理世界中所經歷的「身臨其境」的逼真性，還能突破空間、時間及其他客觀限制，獲得現實生活中無法親身經歷的體驗。

現代科技發展探索

虛擬實境技術的出現及發展

　　一九六五年薩瑟蘭在 IFIP 會議上的「終極的顯示」報告上最早提出了虛擬實境的思想，而「Virtual Reality」一詞是美國 VPL 公司的創建人之一蘭尼亞在一九八〇年代初提出來的。他這樣描述這項技術：通常指人們借助如立體眼鏡、傳感手套等一系列傳感輔助設施來實現的一種三維現實。人們透過這些設施以如頭的轉動、身體的運動等自然的方式向電腦送入各種動作資訊，並借助視覺、聽覺以及觸覺設施使自己感應到三維的視覺、聽覺及觸覺等感覺世界。

　　在若干領域的成功應用，使虛擬實境系統在一九九〇年代興起。虛擬實境是高度發展的電腦技術在各種領域的應用過程中的結晶和反映，包括圖形學、影像處理、模式識別、網路技術、並行處理技術、人工智慧等高性能計算技術，涉及數學、物理、通訊，甚至與氣象、地理、美學、心理學和社會學等相關領域。

虛擬實境技術的廣泛應用

　　早在一九七〇年代，虛擬實境技術就已經被應用於航太和軍事領域了。

　　在航太飛行訓練中，失重測試至關重要。因為太空人在飛行中對失重情況下的物體運動難以預測。操作失誤後果會很嚴重。因此，在模擬太空環境中進行失重模擬訓練，也就成了太空人的必修課。這就要用到 VR 模擬訓練技術了。

太空人在訓練中坐在一個椅子（具有模擬「載人操縱飛行器」的功能並帶有傳感裝置）上。椅子上有位移控制器（用於在虛擬空間中作直線運動），還有旋轉控制器（用於繞太空人重心調節其朝向）。太空人頭戴立體頭盔顯示器（用於顯示望遠鏡、太空梭和太空的模型），並用資料手套作為和系統進行交互的工具。太空人訓練時在望遠鏡周圍即可進行操作，透過虛擬手接觸操縱桿，能抓住需要更換的「模組更換儀」。這樣就能模擬天空中的場景。這樣進行培訓，既節省了消耗器材，不受場地、氣候條件的限制，安全可靠，而且可以大大提高效率，節省培訓費用。

虛擬實境技術在軍事上的應用主要是「連網軍事訓練系統」。軍隊在該系統中被布置在與實際車輛和指揮中心相同的位置，可以看到一個模擬戰場：有山、樹、雲彩、硝煙、道路、建築物以及由其他部隊操縱的車輛。這些車輛由實際人員操作，可以相互射擊，系統會利用無線電通訊和聲音來加強真實感。透過環境視點，系統的每個使用者都能觀察別人的行動。炮火的顯示極為真實，使用者可以看到被攻擊部隊炸毀的情況。利用這個類比系統，我們可以訓練坦克、直升機和進行軍事演習，以及訓練部隊之間的協同作戰能力等。

而隨著電腦技術的發展，虛擬實境技術還進入了建築、商業、教育甚至家庭中來。

比如在建築設計中，建築師製作三維影像的虛擬建築物，

從而擺脫了圖紙，這樣人們就可進入未來的建築物中去體驗環境、修改設計方案，或請專家評審。房地產公司還可以將出售的樓房圖紙軟體輸入電腦，客戶戴上頭盔和手套後就能有一種身臨其境的感覺，不但能在預售屋中參觀，還能打開窗戶看見窗外景物。如果不滿意設計，還能及時提出意見。

　　虛擬實境技術在娛樂上也有應用。英國有一種滑雪模擬器，使用者可以身穿滑雪服、腳踩滑雪板、手拄滑雪棍、頭上載著頭盔顯示器，手腳上都裝著感測器。即使是在室內，只要做著各種各樣的滑雪動作，透過頭盔式顯示器，便可看到堆滿皚皚白雪的高山、峽谷、懸崖陡壁一一從身邊掠過，其情景就和在滑雪場裡進行真的滑雪所感覺的一樣。

　　如今，虛擬實境技術不僅可以創造虛擬場景，還能創造虛擬主持人、虛擬歌星、虛擬演員等。歌星 DiKi 歌聲迷人、風采翩翩，由日本電視台推出後，無數歌迷紛紛傾倒，許多追星族都想親眼看看，迫使電視台只好說明她不過是虛擬的歌星。美國迪士尼公司還準備推出虛擬演員，來使「演員」藝術青春永駐、活力永存。當然還有另一個原因事明星片酬走向天價，如果虛擬演員成為電影主角，電影將成為軟體產業的一個分支。各軟體公司將開發許許多多虛擬演員軟體供人選購。在幽默和人情味上，虛擬演員固然很長一段時間內甚至永遠都無法同真演員相比，但它的確能成為優秀演員。由電腦遊戲拍成的電影《古墓奇兵》就預告著虛擬演員時代即將來臨，片中的女主角，

入選為全球知名人物。

VR 技術的巨大潛力

虛擬實境技術和其他新興科學技術一樣，也是許多相關學科領域交叉、集成的產物。研究內容涉及到人工智慧、電腦科學、電子學、感測器、電腦圖形學、智慧控制、心理學等。

然而雖然這個領域的技術潛力是巨大的，應用前景也是很廣闊的，我們必須清醒的認識到，目前它仍存在著許多尚未解決的理論問題和尚未克服的技術障礙。目前客觀來說，虛擬實境技術所取得的成就絕大部分還僅限於擴展電腦的介面能力，還沒有根本深入「人在實踐中得到的感覺資訊在人的大腦中存儲和加工處理成為人對客觀世界的認識」這一重要過程，僅僅是剛開始涉及到人的感知系統和肌肉系統與電腦的結合作用等問題。人和資訊處理系統間的隔閡只有當真正開始涉及並找到解決這些問題的技術途徑時，才有可能被徹底克服。

我們期待，有朝一日虛擬實境系統能成為一種對多維資訊處理的強大系統，成為人類進行思維和創造的助手，成為對人們已有的概念進行深化和獲取新概念的有力工具。

新知博覽 —— 神祕的超導現象

二十世紀初，科學家發現汞冷卻到低於 4.2K 時，電阻會突然消失，導電性幾乎是無限大。而且如果用外加磁場接近固態

汞又隨後撤去，電磁感應產生的電流會長久的在金屬汞內流動而不會衰減。這種現象就被稱為「超導現象」。

一般來講，具有超導性質的物體都被稱為「超導體」，而使超導體電阻突然消失的溫度則被稱為「臨界溫度」。 超導體的電阻在臨界溫度以下為零。也就是說，電流可以在超導體中透過而不會有所消耗。

眾所周知，當電流透過金屬時，金屬會發熱。用熔點高的金屬絲製成的電熱原件，當有電流透過時，電能將轉換為熱能，從而獲得高溫。金屬之所以在電流透過金屬（或合金）時發熱，就是因為金屬內部存在阻礙電流透過的電阻。隨溫度的升高，電阻會增大，而電阻的增大反過來又會促進金屬的發熱。這樣「惡性」循環，用金屬導線傳輸電時，電流通常會受到金屬材料電阻的限制，隨溫度的增高而流量減小。而超導現象，則可以使這種情況得以避免。

一九一一年，荷蘭人海克·卡梅林·翁內斯發現了超導現象。幾十年中，沒有人能解釋這奇妙的現象。物理學家約翰·巴丁、利昂·庫珀和約翰施裡弗在半個多世紀後推出了「BCS」原理。他們認為，由於金屬離子阻礙了電子流動，所以導致了電阻的產生，而阻礙的原因是原子本身的熱振動及它們在空間位置不確定。而電子在超導體中，一對對的結合構成了所謂的「庫珀對」，它們中的每一對都以單個粒子的形式存在。這些粒子抱成一團流動，不顧及金屬離子的阻力，像液體一樣在流

動。這樣，就不存在任何潛在的阻力因素了。

　　超導體有兩個重要特性：超導電性（零電阻）和反磁性。同樣，直徑的高溫超導材料導電能力是普通銅材料的一百倍以上，並且輸電損耗小，製成器件體積小、重量輕、效率高。由於在超導狀態下超導材料具有零電阻和完全抗磁性，因此要獲得十萬高斯以上的穩態強磁場，只要消耗極小的電力。而要產生如此大的磁場，用常規導體做磁體就需消耗三點五兆瓦特的電力及大量的冷卻水。電流在臨界溫度的情況下，透過時超導體不發熱，允許透過的電流可達到數萬安培/平方毫米。將超導材料放入磁場中，內部產生的磁感應強度為零，具有完全抗磁性。

　　材料科學家和物理學家們經過數十年的努力，目前已經跨越了超導材料的磁電障礙。也正是由於這些優點，它被視為製成大功率發電機、磁流發電機、超導儲能器、超導電纜、超導磁浮列車等的絕佳材料。目前已發現具有超導性能的元素的單質有近三十種，化合物和合金有八千多種。

人工智慧能否取代人腦

　　人工智慧是一門新的技術科學，研究、開發用於模擬、延伸和擴展人的智慧的理論、方法、技術及應用系統。作為電腦科學的一個分支，人工智慧試圖認識智慧的本質，並生產出一種新的能以人類智慧相似的方式做出反應的智慧型機器，該領

域的研究包括機器人、語言識別、影像辨識、自然語言處理和專家系統等。

電腦技術的發展，使得人工智慧有了突破性的進展。電腦不僅能代替人腦的某些功能，在速度和準確性上也大大超過了人腦。它不僅能類比人腦部分分析和綜合的功能，還越來越顯示出某種意識的特性，真正成了人腦的延伸和增強。

那麼，電腦機真的可以像人腦一樣具有思維能力，甚至比人更聰明呢？我們必須承認，世界上很多大膽的設想都是有可能實現的。

人工智慧的提出

一九四〇年代，電腦剛剛問世，就有人提出了人工智慧的概念和理論。人工智慧的任務，就是研究和完善人造思維系統（等同或超過人的思維能力）。人工智慧的應用研究，是指根據人工智慧原理構成的智慧資訊處理系統，或者稱為智慧系統。它是專家系統、神經網路、模糊控制三者的總稱，也是在知識獲取和知識表達基礎上，透過問題求解策略進行知識資訊處理，求得問題的解答，或做出決策，或做出行為反應等。

人工智慧的應用研究目前重點研究思維和記憶的機制。由於人工智慧學科本身很廣泛，所以它的應用研究也已經逐漸深入到各個學科和領域，並且成果顯著。

人工智慧能超越人腦嗎

有些科學家認為，依靠某種程式而運轉的機器具有一定的思維能力。電腦技術近年來發展非常迅速，也影響到了腦科學；同樣，對腦的工作原理的認識也施惠於資訊科學技術。在這兩門科學共同發展的過程中，有過許多關於大腦和機器思維問題的激烈爭論。

科學界認為，正確的程式設計加上正確的輸入和輸出方式，就可以實現大腦式的智力過程。根據一項檢驗有意識智慧的實驗：如果電腦能完成一個擁有正常認知能力的人所完成的相同工作，那麼就認為這台電腦也擁有同等的能力，那也就得承認，電腦可以實現有意識的思維。

有些科學家也對此提出了不同的意見。他們認為，對人類認知能力的類比，電腦在某種意義上是形式上的，但是，人類所具有的按環境變化及利用廣闊背景知識儲備知識的能力是電腦所缺少的；電腦程式只是符號的處理，而大腦卻能賦予符號以一定的內涵。因此，人腦產生精神現象的方式不可能僅靠電腦程式的執行就能實現。

曾經有過一場著名的「人機大戰」：美國 IBM 公司製造的電腦「深藍」，戰勝了國際象棋界的棋王卡斯帕羅夫，且在這場對弈的最後一局較量中，「深藍」僅用了一小時就輕鬆的戰勝了這位國際象棋特級大師，以三點五比二點五的總比分獲勝。

作為國際象棋之王，卡斯帕羅夫的水準無人能敵。名為「深

藍」的超級電腦，也是 IBM 公司開發的世界上最好的「下棋機器」。為此 IBM 公司投入了大量的人力和物力，一批傑出的電腦專家也為之奮鬥多年。「深藍」重達一點四噸，有三十二個節點，每個節點有八顆專門為進行國際象棋對弈設計的處理器，平均運算速度為二百萬步／秒，可以說綜合了電腦問世以來的許多新成果和新創造。在 RS ／ 6000SP 平行運算系統中集成了兩百五十六顆處理器，從而擁有超過兩億步／秒的驚人速度。

「深藍」研究小組在比賽結束後公布了一個祕密：專家小組在每場對局後，都會相對的根據卡斯帕羅夫的情況修改特定的電腦參數。因此這些工作實際上達到了強迫它學習的作用，雖然「深藍」不會思考。

「深藍」的出現代表了電腦技術的一個重大改進，是電腦人工智慧化研究的里程碑。有人認為，人的失敗幾乎是註定的，因為「深藍」每秒鐘思考兩億步，而世界頂尖棋手卡斯帕羅夫每秒鐘僅能思考三步。但也有人表示反對，因為「深藍」也「人機大戰」中輸了一局。那既然「深藍」每秒思考兩億步，大大超過了卡斯帕羅夫的三步，為什麼會輸了一局呢？

其實，數字的對比只能說明電腦比人腦具有某些優越之處，並且它不代表人腦不如電腦，因為它不會思考。所以，我們不能由「深藍」的勝利得出電腦戰勝人腦的結論。許多專家認為，目前，人工智慧的水準還處在嬰兒時期，沒有什麼重大的突破性的進展。

人工智慧的未來發展

在一九五六年的世界第一次人工智慧大會上，人們曾因為電腦的一些進展和成果而顯得過於樂觀，有些專家甚至預言：不出十年，電腦將會成為國際象棋世界冠軍。然而即便是這一時刻也遲到了二十多年。由此可見，人工智慧的發展並不是一帆風順的，至今，人們在一些理論問題上仍然存在諸多爭論。

電腦的功能在某些方面要超過人腦是完全有可能的，全面超過人腦可以說仍然是遙遙無期。因為畢竟人類還沒有深刻認識自己，其未知空白還難以計數。還需要相當長的時間才能弄明白人腦的思維和智慧機制，因此究竟何時才能超過它，還是一個未知數。

瑞士一名心理學家給「智力」下的一個定義非常通俗但同時含義深邃：「計算，乃至邏輯推理，都只是智力的一部分。而智力，是你不知道怎麼辦時動用的東西。」這一定義表明智力其實是一種創造性能力，或說智力的核心是創造性。也正是有了這種創造性的智力，才實現了社會、科學和藝術的發展。

雖然電腦也有創造性，但在任何意義上它都無法與人腦相比。隨著人腦奧祕被逐漸揭示，隨著人工智慧理論、技術的迅速發展，我們可以想見，電腦在功能上會逐漸接近大腦，甚至在某些方面也可能會超過人腦。但人腦水準從整體上尤其是在創造力上來說，是電腦技術難以超越的。因為人腦的基礎是由 10^{11} 個神經元、10^{14} 個突觸組成的龐大神經網路，長期的演化

已讓它產生了無窮的創新潛力。而且，人腦的智力也是在不斷發展的，並非一成不變。而電腦在智慧上可以逐漸逼近人腦，但絕不可能取代人腦。

新知博覽 —— 探測生物導彈

愛國者與飛毛腿在海灣戰爭中曾展開過一場導彈大戰，令世人矚目。作為現代化戰爭中一種必不可少的武器，導彈正日益受到廣泛關注。

在醫學工程中也有一種導彈，它利用高度的準確率將一枚枚載有殺死特定物質的藥物，發射到預定目標。目前研究中的生物導彈，就是執行這種特殊功能的載體。

戰爭中應用的導彈之所以能準確擊中目標，是因為在它的彈頭上裝有一種先進的制導系統。專家稱，一枚優良的導彈，能在幾千公里以外發射而擊中預定目標，誤差範圍不超過十五公尺。與這種現代化的高精尖技術被用於屠殺生命不同；生物導彈主要用於解救生命。

生物導彈作用大小的關鍵是對生物導彈制導系統的研究。目前，作為人類難以攻克的頑症，癌症的主要治療措施就是化療和治療。科學家們發現，將從身體組織中提出的一部分癌細胞移植到裸鼠體內，經過多次繁殖後，癌細胞會逐漸失去原有的生物活性，這時將其與抗癌藥物相結合重新注入人體內。結果發現，這種載有抗癌藥物的癌細胞，具有極高的方向辨別

力，進入人體內後迅速回到原來癌細胞生長的部位，並將結合於其身上的抗癌藥物也一同帶到原有的癌組織中，這時抗癌藥物釋放出來，有效的殺死了癌細胞。這些最初被提取出來的癌細胞是一種極為理想的導彈頭，因為其減毒移植後仍帶有較強的認親性。

這種實驗目前已已有臨床應用，透過對胃腺癌的研究，醫學已經製成了生物導彈，並收到了良好的臨床效果。不過，這種水準目前只停留在胃腺癌的水準上，因為相對其他類型的癌細胞來說，腺癌比較容易被培養分離。在針對其他癌細胞的生物導彈研究中，科研人員遭遇到了極大的困難。

作為生物化學和醫學領域中的一門新興科學，生物導彈已經受到廣泛重視。許多醫療科研公司目前都在積極研究，但其提取、分離、結合載體等過程都相當複雜，且有較長的製作週期，還很難廣泛應用於臨床。因此，科學今後努力的方向，是對於這方面的研究改進。

磁浮列車的原理

作為一種沒有車輪的陸上無接觸式有軌交通工具，磁浮列車時速可達到五百公里。它的結合能，是利用常導或超導電磁鐵與感應磁場之間產生相互吸引或排斥力，使列車「懸浮」在軌道後或下面，進行無摩擦的運行，從而克服傳統列車車軌黏著限制、機械雜訊和磨損等問題，並且具有啟動、停車快和爬坡

能力強等優點。

磁浮列車的出現

十九世紀初，根據電磁作用原理，俄國托木斯克工藝學院的一位教授曾設計並製成一個磁浮列車的模型。在行駛時，這種模型可以不與鐵軌直接接觸，而是利用電磁排斥力使車輛懸浮起來，與鐵軌脫離，並用電動機驅動車輛快速前進。

美國科學家到了一九六〇年又提出磁浮列車的設計，並利用強大的磁場將列車提升至離軌道幾十毫米，以時速三百公里行駛而不與軌道發生摩擦。遺憾的是，美國政府沒有重視他們的設計，而是讓德國和日本捷足先登了。

一九六九年，在德國出現了世界上第一列磁浮列車小型模型。像一條蛟龍一樣列車，靜靜的臥在高高架起的「T」字型車軌上。透過舷梯乘客可以走進車廂，車廂非常寬敞，中間是走道，兩邊各有三個座位。有的座位前有小桌，小桌旁有電源插座，可接通便捷式電腦在車上辦公。

列車是平穩啟動的，幾乎沒有噪音。在時速兩百二十二公里時，列車進入了一個彎道。在時速三百二十公里時，列車開始不減速爬坡。時速達到四百公里時，車廂內依然相當平穩。

日、英、美等國在德國磁浮列車實驗成功後，也相繼開始了磁浮列車的研究。一九八四年，英國在伯明罕建成低速磁力懸浮式鐵路，並很快投入使用。這兩磁浮列車由一台非同步線性電動機驅動，運行時高出軌面十五毫米。它由兩個車廂

組成，每個車廂能載四十名乘客。列車由電腦自動控制，無駕駛員。

磁浮列車的特性

其實磁浮列車的原理並不深奧，就是使磁鐵抗拒地心重力，即「磁性懸浮」，運用的是磁鐵「同性相斥，異性相吸」的性質。科學家將「磁性懸浮」這種原理運用在鐵路運輸系統上，使列車完全脫離軌道而懸浮行駛，成為「無輪」列車。也稱之為「磁浮車」。

由於磁鐵有同性相斥和異性相吸兩種形式，因此磁浮列車相對的形式也有兩種：一種磁浮列車的電磁運行系統是利用磁鐵同性相斥的原理設計的鐵路，它透過車上超導體電磁鐵形成的磁場與軌道上線圈形成的磁場之間所產生的相斥力，使車體懸浮運行；另一種磁浮列車是利用磁鐵異性相吸原理設計的電動力運行系統的，它是在車體底部及兩側倒轉向上的頂部安裝磁鐵，在「T」形導軌的上方和伸臂部分下方分別設反作用板和感應鋼板，控制電磁鐵的電流，使電磁鐵和導軌間保持十至十五毫米的間隙，並讓導軌鋼板的吸重力與車輛的重力平衡，從而使車體懸浮於車道的導軌面上運行。

簡單的說，就是在位於軌道兩側的線圈裡流動的交流電，將線圈變為電磁鐵。它與列車上超導電磁體的相互作用來使列車運行。列車的前進是由於列車頭部的電磁體（N 極）被安裝在靠前一點的軌道上的電磁體（S 極）所吸引，且同時又被安裝在

軌道上稍後一點的電磁體（N 極）所排斥。當列車前進時，線圈裡流動的電流流向就反轉過來了，其結果就是原來那個 S 極線圈現在變為 N 極線圈了；反之亦然。列車在電磁極性的轉換作用下，就可以持續向前奔馳了。

與當今的高速列車相比，磁浮列車具有許多無可比擬的優點：

第一，處於「無輪」狀態，因為磁浮列車是在軌道上行駛的，導軌與機車之間不存在任何實際的接觸，因此它幾乎沒有輪、軌之間的摩擦，時速高達幾百公里；

第二，可靠性大，維修簡便，成本低，能源消耗量僅為汽車的一半、飛機的四分之一；

第三，噪音小，當磁浮列車時速達三百公里以上時，聲音僅相當於一個人大聲的說話，比汽車開過的聲音還小；

第四，由於它以電為動力，在軌道沿線不會排放廢氣，無汙染，因此又是一種名副其實的綠色交通工具。

不過，磁浮列出也有車廂不能變軌這樣的缺點，不像軌道列車可以從一條鐵軌借助道岔進入另一鐵軌。如果是兩條軌道雙向通行，一條軌道上的列車只能從一個終點駛向對方終點，然後再原路返回，不像軌道列車可以換軌到另一軌道返回。因此，一條軌道只能容納一列列車往返運行，非常不節約。而且其使用效率會隨著磁浮軌道長度變長而越來越低。

網路時代催生電子書

　　千百年前，古人手中的「書」還只是一塊泥坯、一段木頭或者一片龜殼、一捆竹簡。直到造紙和術活版印刷術的應用引發了出版歷史上的一次巨大變之後，書籍的呈現形式便發生了翻天覆地的變化。如今，心目中的「書」指的是那些裝訂整齊、散發著淡淡油墨香味的紙。

　　然而書籍的革命並未就此終止。隨著網路時代的到來，各種新生事物層出不窮，電子書在這種條件下應運而生。生活中我們習慣稱電子書為「Ebook」——這是一種以網路為流通管道、以數位化內容為流通媒介、以網路支付為主要交換方式的嶄新的資訊載體。

　　今天，電子書已經融入了普通大眾的生活。憑藉著在網路上出版和發行、能夠透過可攜式閱讀終端進行閱讀的優點，電子書不斷的衝擊著傳統圖書長久以來的壟斷局面，並成為一種全新的電子商務模式。因為相對傳統意義上的書籍，電子書的傳播更加迅捷便利，不受地域和時間的限制；出版成本低，市場風險小；銷售價格低廉；占用空間小；資訊量豐富，節約印刷耗材，不存在庫存短缺或者絕版的等問題。

電子書的格式及構成要素

　　電子書種類齊全、名目繁多，但是面對眾多提供商和各類閱讀設備，我們有必要了解一些常用電子書圖檔的格式。

目前網路上流行的電子書的主要格式有 PDF、EXE、CHM、UMD、PDG、JAR、PDB、TXT、BRM 等，而且大多流行行動設備都是支援其閱讀格式的。例如手機常見的電子書格式為 UMD、JAR、TXT 這三種。

電子書閱讀器是一種可攜帶式的手持電子設備，專為閱讀電子書設計。這些設備通常都有大螢幕的液晶顯示器，內置上網晶片，可以從網路上隨時隨地購買及下載數位化圖書，且其大容量記憶體可以儲存大量數位資訊。一般的設備一次可以儲存大約三十本傳統圖書的資訊量，而且特別設計的液晶顯示技術可以讓人舒適的長時間閱讀圖書。

電子書這種便於攜帶、易於操作、容量大的特點，非常適合現代的生活方式。而數位版權貿易和網路技術的發展，更使得電子書的使用者能以更低的價格方便的購買到更多的圖書資源，為電子書的流行奠定了市場基礎。

一般來說電子書主要由三個部分構成。一是內容，它由特殊的軟體程式製作而成，可在有線或無線網路上進行傳播，一般由專門的網站組織而成；二是閱讀器，包括桌面上的個人電腦，個人手持數位設備以及專門的電子設備等。可以看出，無論是電子書的內容、閱讀設備，還是電子書的閱讀軟體，甚至是網路出版，都以電子書的頭銜來命名。

電子書帶來的改變

電子書的出現在不經意間改變了我們的生活。然而，任何

新生事物都會存在一定的缺陷。比如：電腦螢幕是橫的，傳統書本的形狀卻是豎直的。如果把傳統書本做成電子書的形式，顯示器連傳統書本的一頁都塞不下。如果讀者在電腦上閱讀完整的一頁書，就必須拉動窗口的捲動軸，這就比翻書麻煩多了。因此，電子書的內容及呈現形式必須要根據電腦這個閱讀工具而改進。

所幸，隨著隨身裝置的迅速發展與普及，電子閱讀器出現了。這使得電子書這種原本只能在桌上電腦上閱讀的東西一下子變得可移動起來，在使用的便捷性上大大縮小了與傳統書籍的差距。這種類似掌上型電腦的電子閱讀器，被人們親切的稱為「掌上書房」。它不僅體積小、容量大，而且上面的資訊還能流動和變換，能為不同的讀者免費提供自己喜愛的圖書；而讀者也可以透過專門開設的網站，隨時更換「書房」裡的藏書。而且，購買最新上市的電子書，最多只需不超過紙質圖書三分之一的費用。

現在，電子技術開發者已經將目光投向了電子閱讀領域，很多廠商也推出了擁有自己標準和規格的電子書。但是，由於製作的電子書軟體不盡相同，很多電子書一旦放到其他閱讀器上就無法顯示。如果讀者只有一台閱讀器，就無法看盡天下所有的電子書，這必然又會降低人們購買閱讀器的意願。因此，電子書籍要想更好的自由流通，就必須有統一的格式，也只有統一了格式，才能使閱讀器成為一種成熟的大眾化家電產品。

電子書開創數位化閱讀時代

電子書並不是傳統圖書的終結者，因為無論如何，閱讀傳統圖書時獨特的「書香」感是電子書無法做到的。但是電子書的誕生，卻昭示著一個嶄新的數位化閱讀時代已經到來。由於電子書的出現，資訊出版、發行和閱讀方式也都將被重新定義。

一九九八年年底，日本企業率先開始電子書標準的制訂，並形成了由一百三十家企業組成的聯盟，共同制定各種電子書標準。這個聯盟在版權問題、電子書內容創作、發行、收費，以及電子書閱讀器的標準等五個領域成立了專門委員會。由於日本衛星通訊發展迅速，所以他們想以衛星通訊作為數位化出版的媒介。

新加坡也研發出了一種「電子書包」。這種「書包」使用插卡式記憶體，每門學科使用一張卡。幾克重的卡片可以把書本的內容全部複製進來，不僅份量輕，而且還能傳給下一級的學生繼續使用。深受家長、學生和老師的青睞。

目前，國際市場上有兩種電子書——彩色顯示與單色顯示，且有單頁和雙頁顯示之分。這兩種電子書在生產技術上並不存在多大的差異，主要是在價格上相差較大。到底選擇那種電子書與讀者個人的閱讀要求和習慣有關。黑白單頁的電子書目前售價是一百五十美元，彩色單頁的售價則為六百美元；雙頁顯示的電子書一般價格在一千美元以上。

電子書以其鮮明特點和的多重優越性成為一些大出版公

司的出版趨勢。用電子的方式發行不僅可以減少印刷成本，而且能夠出版更多印數極少的非主流書籍而不擔心積壓。著名的出版公司如貝塔斯曼出版集團、McGraw-Hill 出版社、Simon&Schuster 出版社、麥克米蘭出版社、華納出版社、聖馬丁出版社、IDG 出版集團及 HarperCollins 出版社等，都預計在幾年內出版電子書，並為此積極介入標準的制訂工作。Times、Fortune、The Industry Standard、InfoWorld 及 PC World 等雜誌，也準備開闢電子書的發行管道。就連幾家成功的網路電子商務網站（如美國的網上書店亞馬遜等）也加入了電子書及出版發行標準制訂的行列。由此可見，一個由多種行業共同企劃的新出版體系將在幾年內掀起巨大的網路出版浪潮。

延伸閱讀 —— 什麼是網路電視

網路電視又簡稱為 IPTV（Interactive Personality TV），它以電視機、個人電腦及行動設備作為顯示終端，透過機上盒或電腦接入寬頻網路，實現數位電視、行動電視、互動電視等電視服務。

網路電視的出現給人們帶來了一種全新的電視觀看方法，改變了以往被動的電視觀看模式，實現了電視按需收看、隨看隨停的需求。

總的來講，網路電視可根據顯示終端分為三種形式，即 PC 平台、TV（機上盒）平台和手機平台（行動網路）。

透過 PC 機收看網路電視是當前網路電視收視的主要方式，因為網路和電腦之間的關係最為緊密。目前已經商業化運營的系統基本上都屬於此類。基於 PC 平台的系統解決方案和產品的高度成熟化程度，PC 平台逐步形成了部分產業標準，各廠商的產品和解決方案都有較好的互通性和替代性。

基於 TV（機上盒）平台的網路電視，是以 IP 機上盒為上網設備，利用電視作為顯示終端。雖然電視使用者大大多於 PC 使用者，但由於電視機的解析度低、體積大、不適宜近距離收看等緣故，這種網路電視目前還處於推廣階段。

嚴格的說，手機電視是 PC 網路的子集和延伸，它透過行動網路傳輸影音內容。由於它可以隨時隨地收看，且用戶基礎巨大，所以可以自成一格。

網路電視作為極有發展潛力的新興產業，其產業鏈已經初步形成，它的出現無疑將改變人們的生活，為人們帶來全新的生活方式，同時也給營運商帶來了新的業務成長點。

可怕的生化武器

生化武器是生化武器和化學武器的統稱。這兩種武器人類在戰場上的使用由來已久，大約從冷兵器時代就已經開始。

當時的戰場上，任何投毒行為，比如在敵方的水源如水井或河流下毒，都可以被視為是生化武器攻擊行動；而利用動物身上的傳染病來使敵人患病，屬於典型的生物戰戰例。據史書

記載，第一個生物戰戰例發生在一三四六年。當時，韃靼人正在圍攻黑海港口城市卡法城，卻在無意中染上了鼠疫。但是韃靼人卻並未因此而退兵，而是利用笨重的彈射機將感染病菌的屍體投進敵人的陣營中，結果使得守城的熱那亞人也感染上了黑死病。

什麼是生化武器

生化武器就是以生物戰劑殺敵方死有生力量和毀壞植物的武器。所謂的生物戰劑是指軍事行動中用以殺死人、牲畜和破壞農作物的致命微生物、毒素和其他生物活性物質的統稱，舊稱細菌戰劑。可以毫不誇張的說，生物戰劑是構成生化武器殺傷威力的決定性因素。這些致病的微生物一旦進入身體（人、牲畜等），便會在短時間內大量繁殖，從而導致破壞身體功能、發病甚至死亡。而且它還能大面積毀壞植物和農作物等。

根據不同的的特點，生物戰劑可分為以下幾類：

神經性毒劑：這是一種作用於神經系統的劇毒 —— 有機磷酸酯類毒劑，分為 G 類和 V 類神經毒。G 類神經毒是指甲氟膦酸烷酯，或二烷氨基氰膦酸烷酯類毒劑，主要代表有塔崩、沙林、稜曼等；V 類神經毒是指一二烷氨基乙基甲基硫代膦酸烷酯類毒劑，主要代表物有維埃克斯（VX）。

糜爛性毒劑：這是一種能引起皮膚起泡糜爛的毒劑。人或牲畜中毒後，會緩慢而痛苦的腐爛死去，且沒有特效解藥。它的主要代表物有芥子氣、氮芥和路易士氣。

窒息性毒劑：這類毒劑會損害人或動物的呼吸器官，引起急性中毒性肺氣而造成窒息死亡，代表物有光氣、氯氣、雙光氣等。光氣在常溫下為無色氣體，有爛乾草或爛蘋果味，難溶於水，易溶於有機溶劑。在高濃度光氣中，中毒者幾分鐘內就會因反射性呼吸、心跳停止而死亡。

全身中毒性毒劑：這是一類破壞人體組織細胞氧化功能、引起組織急性缺氧的毒劑，主要代表物有氰化氫、氯化氫等。氰化氫有苦杏仁味，可與水、有機物混溶。戰爭時的使用狀態為蒸汽狀，主要透過呼吸道吸入中毒，中毒者呼吸困難，重者可迅速死亡。

刺激性毒劑：這類毒劑會刺激眼睛和上呼吸道，按毒性作用分為催淚性和噴嚏性毒劑兩種。催淚性毒劑主要有氯苯乙酮、西埃斯；噴嚏性毒劑主要有亞當氏氣。

失能性毒劑：這是一種能讓人的思維和運動機能暫時發生障礙，從而喪失戰鬥力的毒劑，主要代表物是一九六二年美國研發的畢茲（二苯基羥乙酸 -3- 奎寧環酯）。該毒劑為白色或淡黃色結晶，不溶於水，微溶於乙醇。戰爭使用狀態為煙狀，主要透過呼吸道吸入中毒。中毒者會瞳孔散大、頭痛幻覺、思維減慢、反應呆痴，甚至死亡。

認識化學武器

化學武器是以毒劑的毒害作用殺傷有生力量的各種武器、器材的總稱，是一種大規模的殺傷性武器。

化學武器是在第一次世界大戰期間逐步形成具有重要軍事意義的制式武器的，主要包括裝備各軍種、兵種的裝有毒劑的化學炮彈、航空炸彈、火箭彈、導彈、槍榴彈、地雷、布毒車、毒煙罐、航空布灑器和氣溶膠發生器，以及裝有毒劑前體的二元化學彈藥等。戰爭時，持有化學武器者可以靈活機動的實施遠距離、大縱深和大規模的化學襲擊。

　　化學武器按毒劑的分散方式可以分為爆炸分散型、熱分散型、布撒型三種。爆炸分散型通常由彈體、毒劑、炸藥、爆管和引信組成。借助炸藥爆炸的力量，把毒劑分散成氣霧狀和液滴狀；熱分散型則常以煙火型、火藥的化學反應產生的熱源或高速熱氣流，將毒劑蒸發或昇華，形成氣溶膠；而布灑型通常由毒劑容器和火藥或壓縮空氣壓源裝置等組成。

　　與常規武器相比，化學武器的殺傷途徑較多，可以透過口、鼻、皮膚等部位的接觸而中毒；而且持續時間長，可以延續幾分鐘、幾小時，甚至幾天、幾十天；殺傷範圍也相當廣泛，染毒空氣能隨風擴散，滲入無防護設施的工事、艙室，滯留於溝壕和低窪處。

　　而同核武器相比，化學武器造價低，來源方便。比如以一平方公里面積內殺傷人畜計算，常規武器需要花費兩千美元，核武器需要花費八百美元，而化學武器僅需要花費六百美元即可。不過，化學武器受環境的影響較大，惡劣氣候條件和不同地形地物等都可能會影響或限制某些化學武器的使用。

生化武器的多次使用

冷兵器時代的生化武器或生化武器攻擊行為的原料都是取自自然界，但是那麼到了二十世紀後，這些原料大多都是人造的了。人類第一次在戰場上使用人造生化武器是在世界第一次大戰期間。

一九一五年一月三日，德軍在東部戰場用炮彈發射苄基溴（benzyl bromide）。這是一種催淚毒氣，也是戰史上首次出現的人造生化武器。幾個月後，德軍又在西部戰場釋放了一百六十八噸的氯氣，這些氯氣很快擴散成方圓五英里的毒霧，給藏身於戰壕內的法國和阿爾及利亞聯軍造成了極大的傷亡。英軍也不甘示弱，同年九月二十五日，對德軍陣地發射了氯氣彈。可是當時風向突然發生了轉移，都頭來反而傷害了自己。

據第一次世界大戰的統計數字顯示，在一九一六至一九一七年戰事最激烈的時期，交戰雙方總共有一萬七千多人死於毒氣。當時的毒氣主要分成三大類型：催淚毒氣、窒息毒氣和起皰毒氣。

而到了第二次世界大戰期間，隨著科技的進步，生化武器的種類也越來越多。且不說交戰雙方在戰場上兵戎相見時所使用的各種毒氣，納粹德國用來屠殺猶太人的利器就是煤氣——這是一種最「價廉物美」的化學武器。

二戰結束不久，以美國為首的西方民主國家和以蘇聯為首

的東方共產集團展開了持續多年的冷戰。東西兩大集團除了研發常規武器和核子武器外，還發展了生化武器。到了一九六九年，美國已成功研發能傳播炭疽病、臘腸中毒、布魯士菌病、兔熱病、委內瑞拉馬腦炎和 Q 型感冒等生化武器。

由於生化武器殺傷力強且不易儲存，冷戰雙方都擔心會因此引起安全問題。所以一九六九年，尼克森總統在美國成功研發大量生化武器後不久，宣布單方面停止研發計畫；而蘇聯也在一九七二年和美國簽訂了裁減生化武器的公約。

不過，由於種種原因，美國和和現今的俄羅斯都沒有全面銷毀生化武器。當然，美俄無法盡快銷毀生化武器庫存的一個關鍵因素是因為銷毀成本太高。

相關連結 ── 世界最危險的三大生化武器

隨著國際形勢的發展，生化武器恐怖襲擊的話題也被傳得沸沸揚揚，人們關注的焦點也自然聚集到了三大最危險的生化武器：炭疽熱病菌、天花病毒和沙林。

炭疽熱是一種由炭疽熱桿菌引發的急性傳染病，主要以孢子形式存在，孢囊具有保護功能，使細菌能不受陽光、熱和消毒劑的破壞而在自然界中長期存活。炭疽熱主要發生在牛、羊等低等脊椎動物身上，人類感染的機率只有萬分之一。它主要有三種類型：透過皮膚接觸造成的皮膚性炭疽熱、透過空氣傳播的呼吸性炭疽熱以及透過食用受染肉類造成的腸道性炭疽

熱。其中，呼吸性炭疽熱後果最為嚴重，致命率約為百分之
九十五至百分之百。

　　炭疽熱桿菌的培養相對容易，而且便於大量生產，還能長
期保存，因此一些國家已將它作為生化武器的重要開發專案。
不過，現在人類已研發出可有效的防治炭疽熱的疫苗和抗生
素，所以現在即使感染了炭疽熱，初期的治療也非常容易。只
要發現及時，對症下藥，感染者一般不會因此丟掉性命。

　　天花病毒最初出現在古埃及，主要透過空氣傳播。天花是
世界上傳染性最強的疾病之一，這種病毒不僅繁殖速度快，空
氣中的速度傳播也非常驚人。而且人在感染太華病毒後，在短
短十五至二十天內致命率就高達百分之三十！一些恐怖分子之
所以青睞天花病毒，除了它具有極大的傳染性和殺傷性外，還
有一個重要原因，就是目前全世界的人都已失去天花免疫力。
因為在一九八〇年，聯合國衛生組織正式宣布天花絕跡，此後
所有成員國都相繼停止接種牛痘疫苗。而且天花病毒的免疫期
只有十年，也就是說，現在全世界的人都已不再具備天花病毒
免疫能力，尤其是那些從未接種過牛痘的人，更容易受到天花
病毒的侵襲。可是再接種牛痘也不是那麼簡單的，因為它往往
會引發一些導致生命危險的併發症。

　　儘管自然界中的天花病毒已不存在，但恐怖分子要想弄到
它卻也並非難事。天花肆虐期間，世界上曾有一百多個國家的
實驗室內保存過天花病毒，這些病毒很難全部被銷毀。目前，

世界上還有兩處獲得聯合國衛生組織許可保存天花病毒的正式場所，一個是美國的亞特蘭大疾病控制中心，另一個就是俄羅斯新西伯利亞的維克多實驗室。如果恐怖分子願意出高價，就難保不會從國際黑市弄到天花病毒。

沙林學名甲氟膦酸異丙酯，是二戰期間研出的一種致命神經性毒氣，它可以麻痺人的中樞神經。如果人吸入了一粒米般大小的沙林，在十五分鐘內便會死亡。它無色無味，殺傷力極強，一旦散發出來就可以使一點二公里範圍內的人死亡和受傷。

恐怖分子們雖然很容易得到和儲存沙林毒氣，但卻難以進行大規模生產，因此這種毒氣只能夠發動個別的、小規模的恐怖襲擊。一九九五年，歐姆真理教就曾在日本東京地鐵站製造沙林毒氣襲擊事件。

全球衛星定位系統是怎樣定位的

全球衛星定位系統又叫 GPS（Global Positioning System），即「全球定位系統」的簡稱。這個系統最初是由美國國防部為其星際大戰計畫投鉅資而建立的，其作用是為美國軍方在全球的艦船、飛機導航並指揮陸軍作戰。伊拉克戰爭中湧現了大量高科技裝備，GPS 全球衛星定位系統就是其中使用最廣泛的一種。利用這個系統，不論是美國的艦船、飛機，還是每一個士兵，都能隨時知道自己所在的位置，隨時與上級和友鄰取得聯繫。

GPS 衛星定位系統的組成及原理

GPS 衛星定位系統由地面控制站、GPS 衛星網和 GPS 接收機三部分組成的。地面主控站得主要作用是實施對 GPS 衛星的軌道控制及參數修正；GPS 衛星網是向地面發射兩個頻率的定位導航資訊（電磁波），其中包括兩個定位碼訊號，即 C/A 碼（供世界範圍內的民用）及 P 碼（只供美國軍方使用）；GPS 接收機則是為接收 GPS 衛星訊號進行解算的，即可確定 GPS 接收機的位置。

GPS 之所以能夠定位導航，主要是因為每台 GPS 接收機無論在任何時刻、在地球上任何位置，都可以同時接收到最少四顆 GPS 衛星發送的空間軌道資訊。接收機透過對接收到的每顆 E 星的定位資訊的解算，便能夠確定該接收機的位置，從而提供高精度的三維（經度、緯度、高度）定位導航及授時系統。而且和以前各種定位系統大不一樣的是，GPS 接收機結構簡單，小型接收機大約只有香菸盒般大小，重約五百克，價格僅幾百美元。任何人只要拿著這種接收機，就可以準確的知道自己在地球上位置。GPS 自動接收機是被動式全天候系統，只接收不發射訊號，因此不受衛星系統和地面控制系統的控制，使用者數量也不受限制。

GPS 接收機的性能

GPS 接收機的性能因機種不同而各有差異。接收機根據使用者不同的使用需要又可分為大地形 GPS 接收機和導航型 GPS

接收機兩類。但是，所有的接收機都具有國際通用的標準儀器介面，可以和自動駕駛儀、電台、語音及電腦等儀器實行對接，以便能夠迅速將導航定位資訊傳送到交聯的相應系統。

GPS 的定位方式有兩種 —— 單點定位方式和相對定位方式。單點定位方式就是用一台 GPS 接收機接收三顆或四顆衛星的訊號，從而確定接收點的位置。單點定位方式測定的位置誤差較大，在移動性一次觀測定位中，其誤差在使用 P 碼時約十二二十五公尺，使用 C/A 碼時約一百公尺。如果進行固定點定位測量時，用兩種碼的相應誤差分別為一公尺和五公尺。

相對定位方式就是在兩個地點同時進行定位測量，並求出兩點間的相對位置關係。相對定位方式測定的位置誤差較小，尤其是在採用差分技術進行修正的話，定位精度便可大大提高。

GPS 載體資訊管理系統

隨著 GPS 接收機的廣泛應用，GPS 載體（即用戶）已不只局限於單一獨立的運動載體，而是發展成為了一個 GPS 載體的相關群體。群體管理部門需要及時了解各個載體的運動情況，載體之間也需要知道彼此的運動狀態。這就需要建立一個 GPS 載體的資訊管理系統。

GPS 載體資訊管理系統就是對數個運行著的 GPS 自載體用戶進行導航定位連網的一種現代化管理方法，可以使數個 GPS 載體形成一個相互關聯的群體，可以集導航、定位、通訊、報警、防盜等功能於一體。它的應用使現代導航、定位、通訊指

揮由常規領域進入了一個嶄新的空間領域。

GPS 載體資訊管理系統基本由三個部分組成，即數個 GPS 接收機及其載體、載體上配置的通訊鏈（電台），以及數位處理及顯示的基地指揮中心。對於導航定位精度要求高的使用者，還需要配備一個差分基準站。

GPS 載體資訊管理系統的工作原理是：載體上的 GPS 接收機顯示載體方位，並且引導其正確運行，同時還會透過介面和電台向基地指揮中心發送編碼訊號。指揮中心經過解調、電腦處理等，再將載體的位置置於該地區的數位化地圖及訊號庫，同時在螢幕上顯示出來，從而使指揮部能及時了解所屬全部載體的位置及運動狀況，這樣就更利於高效、安全的管理和靈活機動的調動指揮。

GPS 載體資訊管理系統的組合非常靈活，根據需要可大可小。基地指揮中心監控台可以是單獨的一個，也可以是多個組成網路；可以是移動的，也可以是固定的，甚至還可以由固定和移動的指揮中心監控台混合組網。在通常情況下，一個基地指揮中心管理系統可以管理幾百個運動的 GPS 接收機載體，其管理範圍視通訊設備能力而定，通常可達到五十至五百公里。

相關連結 —— 全球四大 GPS 系統

美國 GPS：由美國國防部於一九七〇年代初開始設計、研發，並於一九九三年全部建成。一九九四年，美國宣布在十年

內向全世界免費提供 GPS 使用權，但提供的只是低精度的衛星訊號。據稱，該系統有美國設置的「後門」，一旦發生戰爭，美國就可以自行關閉對某地區的資訊服務。

歐盟「伽利略」：一九九九年，歐洲提出計畫，準備發射三十顆衛星組成「伽利略」衛星定位系統。二〇〇九年，該計畫正式啟動。

俄羅斯「格洛納斯」：這一 GPS 系統尚未部署完畢。始於一九七〇年代，需要至少十八顆衛星才能確保覆蓋俄羅斯全境；如要提供全球定位服務，則需要二十四顆衛星。

十大超越人類極限的未來技術

目前，世界上有十項技術被認為是超越人類極限的未來技術，它們依次為人工智慧、意識上傳、兆觀工程、分子製造技術、自我複製的機器人、電子人、太空移民、基因療法 / 核醣核酸干預、虛擬實境和人體冷凍。

所謂超越人類極限，就是指透過先進技術提高人類的能力。這裡說的技術，當然不是 iPod 、iPhone、PlayStation、Switch 這些目前最流行的電子設備所採用的技術，而是為消滅疾病、向世界上最窮的人提供廉價而又高品質的產品、改善生活品質、社會交流及其他事項所採用的一種重大的策略性技術。一般的普通大眾是不會注意到這些技術的，因為它們混合在世界的架構中。但是，一旦技術變得可以獲取，我們就會立

即注意到它的存在。而且技術無所謂貴賤，如果一項技術真的有效，它會創造出數倍於自身價值的價值。

以下就是這十項超越人類極限的未來技術：

人工智慧

未來學派認為，人工智慧是完全有可能的。如果這真的能夠實現，那麼思維、感知、想像、發現、交流等人類的思想活動就都可實現人工合成的智慧了。而串列運算之充分，並行運算之必需，也都在技術範圍所能達到的範圍之內。

一旦人工智慧得到發展，那麼世界將受到即將到來的人工智慧風潮的巨大衝擊。不過現在誰也無法說明其中的細節。如果像沙子一樣的物質也能被製作成電腦晶片並具有一定的智慧性，那麼最終太陽系中的絕大多數物質都會變成智慧化的，其結果將是「智力復興期」：智慧化的不斷擴展超出了人們的想像；但是相反的，如果沒有感情和理智因素的指導作用，人工智慧會將人類帶向世界末日。因此，即使人工智慧實現了，我們也必須設立最基本的條件，否則必將自釀苦果，後悔莫及。

意識上傳

意識可以依附於一種載體，就可以依附在另一種載體上。意識上傳，有時是指非生物學智慧，即圍繞著認知處理過程可以透過本源培養而不是現有的神經元來實現。考慮到神經生理學幾十年來的成功經驗和近期世界上首次腦修復術 —— 人工合

成海馬迴實驗的成功，這些預想似乎真的可行。

其實，我們的意識更多是由自身表達特性的資訊模式，而不是其特有的硬體設定來決定的。雖然很多哲學家早已認識到了這點，但要使大眾在更廣泛的範圍內接受，似乎還需要一些時間，因為人們並不願意承認自己只是個在生物學神經元上安裝了自動計算功能的資料處理裝置。但很難想到另一點：一旦我們否認了非實質性靈魂的存在，我們就必須承認精神也是安裝在肉體之上的一種物質形式。但如果除了現有神經元之外的物質能完成這一功能，那麼為什麼不能說智慧和意識也能透過其他形式存在呢？

超大型工程

我們大多熟知那些稱為超大型的工程的東西，因為像《死星》之類的科幻作品中到處可見。比如：典型的大型工程指那些至少長達一千公里的巨物，如太空電梯、戴森球體等。如果採用上面所說的自我複製機器人技術，這麼大規模的建築就可以大部分透過自動控制系統完成，我們這些智慧生命只需負責其中最高端的功能與設計部分就可以了。考慮到人類進入太空還需要較長的時間，目前太空中也並沒有適合人類居住和使用的建築物，我們要做的東西還有很多。不過如果真能建成這些巨型建築，那將是一件無比偉大的事情。

分子製造技術

如果自我複製是機器人技術的聖杯，那麼分子奈米技術就是製造業的聖杯了。分子奈米技術最初由自我複製技術分化而來，應用範圍十分廣泛，能夠以原子的精度生產絕大多數產品。這一概念也被稱為「奈米工廠」。

從實用角度來看，「納諾工廠」的出現意味著幾乎每種產品都可能由石墨造成，引擎也會變得非常強勁，只需一立方公分就足以驅動一輛汽車；納諾醫療設備還可以用來癒合傷口，並在不動手術的前提下修復患者的患病器官；氣懸浮納諾設備（「效用霧」）在實際生活中可用來模仿所需的物品。另外，它還可以用於製造有效載荷足以殺死上千人的毒藥的微型機器人，或用來生產一種可以用極快速度從 U-238 中分離出 U-235 的、只有筆記型電腦大小的設備，或自我複製人工合成海藻等等。這些大量使用的乾淨應用方法，將會直接將以往骯髒的應用方法淘汰出局。

自我複製的機器人

當機器人能夠為我們完成一切工作之後，人類自己還能做些什麼呢？自我複製被認為是機器人技術中的聖杯。據美國航空暨太空總署（NASA）以「航太飛行中先進的自動控制技術」為題進行的里程碑式的研究結果表明，機器人的自我複製只是機械問題，並不需要進行重大的基礎性理論突破。該研究計畫將重達一百噸的東西送往月球，並給它一年的自我複製時間，

讓其進行自我複製，直至達到人類預期的水準。

這一計畫的構想來自工廠內常見的行駛在鐵軌上的電子車，使用這種叫做「paving machinesa」的東西可以傳導太陽光，並融化月球表面的風化層。機器人礦工負責收集原材料，裝備一個太陽能電池為其提供全部能源。十年之後，月球工廠的生產量即可達到十萬噸，並且全部實現全自動化。如果人類移民月球成功，也可重新掌控工廠的生產管理，並利用它生產家居用品，提供足量的太陽能。

如果地球上也能建成類似的自我複製系統，那麼幾乎可以足量提供所有人類所需的物質。自我複製工廠可以透過從海洋抽水，將澳大利亞廣袤空蕩的荒地變成繁華似錦的大花園；可以融化北冰洋的冰雪，並建成一座適合人類居住的巨大的透明屋頂；可以透過自動控制的潛水裝置，深入無生命生存的大洋底部，挖掘那裡的沉沙為人類移民興建新的居住地……

如果真能這樣在地球表面開闢如此大面積的新大陸，人們起碼暫時不用再擔心人口膨脹等問題了。而當今後人類再次覺得地球過於擁擠之時，還可以選擇移居月球、火星、甚至小行星帶，只需使用自我複製的機器人技術為上萬億人類太空移民選擇適宜居住的場所就可以了。

電子人

在科幻作品中，電子人往往都是千人一面 —— 要麼是維護公平的超人，要麼是電子殺手，要麼是超級員警。其實，在我

們的生活之中已經出現了電子人 —— 他們看起來與正常人一模一樣，而且這一趨勢還將持續下去。一些升級換代的電子人會在二〇二〇至二〇三〇年代投入市場，如助聽器、助視器、新陳代謝促進器、人造骨骼、人造肌肉、人造器官等，甚至會有不易被人發現的在皮下植入的電子腦。

電子人是人與機器的結合，這並非一個科幻的概念。英國著名控制論專家凱文·瓦立克早在幾年前就開始了相關實驗。由於他大膽的將電腦晶片植入身體，也因此被稱為「世界上第一個電子人」。儘管瓦立克的研究招來一片罵聲，但他並沒有停止自己的研究，而且還斷言：「我們人類可以演化成電子人 —— 部分是人，部分是機器。」

瓦立克預言，如果控制論進一步發展下去，那麼它將用紅外雷達幫助盲人「看」東西，透過超音波讓耳聾的人「聽」到聲音。他甚至擔心，如果人不與機器合二為一的話，人類可能會在未來變成一種較低等的生命。所以，人類應該從現在開始就著手做這件事，防止這一結果的出現。

太空移民

如果我們人類可以向整個宇宙擴張的話，那我們就再也不必擔心的球上的人口太多。早期的歐洲國家曾透過將其過剩的人口運往新大陸而解決人口過多的問題，為什麼我們現在就不能這樣做呢？有人已經為人類的太空計畫指出了道路。

在未來學派的哲學體系裡，太空移民是超越人類科技極限

的重要部分；同樣，由於超越人類科技的發展，才使太空移民成為可能。因為人類依靠天生條件是不可能在太空中生存的，從生理學上講就會有諸多不可能之處，如肌肉萎縮、腸胃脹氣等。如果人類到金星上，則會因高溫而融化掉；到火星上則會被凍僵。那麼最行之有效的解決辦法，就是升級人類身體的能力。也就是說，不是把宇宙地球化，而是將人類宇宙化。

基因療法／核醣核酸干預

簡單的說，基因療法就是用好的基因替換掉不好的基因，而核醣核酸（RNA）干預則可以有選擇的將不好的基因剔除掉。兩項技術結合起來，人類就有了一種前所未有的控制我們的基因代碼的能力。

現代醫學正在試圖重新定義「老年」。可能用不了多久，人類就可以輕鬆活過目前的壽命上限 —— 一百二十歲，這一目標一旦實現就要歸功於基因療法。劍橋大學的生物醫學專家指出，在理想環境下，人是能夠活到一千歲的。他們認為利用幹細胞、基因療法和其他技術對人的身體進行定期維修，就可能最終完全制止人體的衰老。如果每一種維護方法都可以將壽命延長三十年或四十年，那麼隨著科學的發展，死亡就完全可能被延後。

基因是「生命的設計圖」，所以當基因由於突變、缺失、轉移或不正常的擴增而「出錯」時，細胞製造出來的蛋白質數量或形態就會出現問題，人體也因此生病。所以，要治療這種疾

病，最根本的方法，就是找出基因發生「錯誤」的地方和原因，然後把它矯正回來或者乾脆替換掉，疾病自然就會痊癒。

虛擬實境

虛擬實境技術我們在前面已經進行了詳細的講述，這裡不再多說。目前許多虛擬實境周邊應用紛紛出現，不僅僅是視覺上的逼真了，還會具有逼真的觸覺 —— 它會讓你的感覺相信觸覺技術正在傳遞真實的事情。到那個時候，哪是現實，哪是虛擬實境，恐怕就更加難以區分了。

人體冷凍

人體冷凍是一門新興科學，主要研究內容是體溫對人的壽命的影響。目前，降低人體體溫的實驗已經取得了一定的效果。據說，如果將人的體溫降低兩度，那麼一個人便可以多活一百二十至一百五十年。如果真能如此，我們就能像《聖經》裡描述的那樣，活到七百甚至八百歲。但是，實驗現在才剛剛開始，現在就向世人宣稱人類已征服了死亡還為時尚早。

人體冷凍可以被視為一種變相的葬禮。在美國，富人可以選擇被埋在地底或被冷凍起來直到人類發明了重生的技術，但在自然死亡前被冷凍起來會怎樣呢？事實表明：這樣做，體內產生的冰晶體不會損壞細胞，它們只是將其一分為二。我們現在是不可能讓冰箱裡的魚再活過來，但魚也不會變成其他的東西，因為魚只是被簡單的凍了起來。當然，讓細胞不死，科學

家們還需要創造更多的條件。

為了研究人體冷凍，科學家們需要建一些具備特殊用途的「農場」，裡面安置生產液態氮的裝置。人體冷凍這項技術對大多數人來說或許是很經濟的：冷凍一個人體的價格大約只需要兩千美元。經過這樣處理的人，實際上就是停止了死亡。

不過，人體冷凍術還面臨著一個道德方面的問題 —— 一個經冷凍處理的人能適應一百或兩百年後的全新生活嗎？這裡不排除一個「復活」的人對新生活感到絕望甚至發瘋的可能性。因此在不朽的「人群」出現之前，人們必須要先考慮好這些問題。

新知博覽 —— 讓機器人像人一樣行走

近幾年機器人能夠做到想怎麼行走就怎麼行走 —— 不僅在平地上，而且能在樓梯、塌陷的路面和斜坡上行走。

目前，大多數機器人的活動是採用輪子或履帶的方式。輪子在平坦的地方活動非常靈便，然而在不規則的地面就比較寸步難行了。即使是履帶式的，也並非完全沒有問題，大面積接觸地面會損壞地面並減慢移動的速度。還有一種方法與這兩種方法截然不同，那就是採用特殊的「腿」，以便機器人獲得近似於動物或昆蟲行走時那種靈巧飄逸的動作。為了達到這種理想狀態，研究人員已在研究出具有兩條腿、四條腿和六條腿的機器人。

對於這類機器人而言，為防止它們跌倒，就需要格外注意

它們身體的平衡。為保持這種平衡，必須在其行走時考慮它們身體重心的變化。如果重心不能改變，機器人就會因失去平衡而跌倒。

在研究用腿運動的機器人時，業界內就哪個是改變中心的最佳系統這一問題的爭論非常激烈。如果機器人在行走過程使用六條腿，那問題就變得簡單了：每次三條腿貼在地面上，利用三角形的穩定性，就能相對容易的保持平衡。但是，腿的數量越多，控制系統就會越複雜，需要的電量也就越多。

為此，人們希望以兩條腿行走的機器人的研究能夠獲得成功，使其成為具有多才多藝的機器人。這類機器人的最大優點在於：凡是人能去的地方，它們也可以到達。從簡化機器人身上實現像人一樣靈活的行走，難度還是非常大的。事實上，只要能夠做到在正常運動（動態平衡）是的那種條件下保持平衡就可以了。利用動態平衡的方法，即使只有一條腿，也能平穩的站立。

電子書購買

上一堂輕鬆的科技小史：從基因工程到人工智慧，數理學渣也能快速上手的科技課 / 侯東政著. -- 第一版 . -- 臺北市：崧燁文化事業有限公司, 2021.08
　　面；　公分
POD 版
ISBN 978-986-516-693-9(平裝)
1. 科學 2. 通俗作品
300　　　110008627

上一堂輕鬆的科技小史：從基因工程到人工智慧，數理學渣也能快速上手的科技課

臉書

作　　者：侯東政
發 行 人：黃振庭
出 版 者：崧燁文化事業有限公司
發 行 者：崧燁文化事業有限公司
E - m a i l：sonbookservice@gmail.com
粉 絲 頁：https://www.facebook.com/sonbookss/
網　　址：https://sonbook.net/
地　　址：台北市中正區重慶南路一段六十一號八樓 815 室
Rm. 815, 8F., No.61, Sec. 1, Chongqing S. Rd., Zhongzheng Dist., Taipei City 100, Taiwan (R.O.C)
電　　話：(02)2370-3310　　　傳　　真：(02) 2388-1990
印　　刷：京峯彩色印刷有限公司（京峰數位）

定　　價：380 元
發行日期：2021 年 08 月第一版
◎本書以 POD 印製